国家中等职业教育改革发展示范学校

园林技术专业课程建设成果

园林景观设计

主　编　蔡　茜　郑　森

副主编　周建波　甄亮中

主　审　王晓燕

武汉理工大学出版社

·武　汉·

内 容 简 介

本教材以任务模式编写，分道路绿地方案设计、城市广场绿地方案设计、小游园绿地方案设计、居住区绿地方案设计、单位附属绿地方案设计与公园绿地方案设计六个任务。每个任务又分若干活动，按“教、学、做”一体化思路编写，突出技能性、实用性，接近生产实际，贴近职业岗位，适宜采用任务驱动法、项目教学法等进行教学。

图书在版编目(CIP)数据

园林景观设计/蔡茜，郑森主编. —武汉：武汉理工大学出版社，2014.6
ISBN 978-7-5629-4405-8

Ⅰ.①园… Ⅱ.①蔡… ②郑… Ⅲ.①景观-园林设计 Ⅳ.①TU986.2

中国版本图书馆 CIP 数据核字(2014)第 101240 号

项目负责人：张淑芳
责 任 编 辑：田官贵
责 任 校 对：王　思
装 帧 设 计：牛　力
出 版 发 行：武汉理工大学出版社
地　　　址：武汉市洪山区珞狮路 122 号
邮　　　编：430070
网　　　址：http://www.techbook.com.cn
经　　　销：各地新华书店
印　　　刷：湖北恒泰印务有限公司
开　　　本：787×1092　1/16
印　　　张：12.25
字　　　数：306 千字
版　　　次：2014 年 6 月第 1 版
印　　　次：2014 年 6 月第 1 次印刷
定　　　价：55.00 元

凡购本书，如有缺页、倒页、脱页等印装质量问题，请向出版社发行部调换。
本社购书热线：027－87515778　87391631　87785758　87165708(传真)

山西省城乡建设学校
重点专业建设课程改革教材编审委员会

前　言

山西省城乡建设学校是国家中等职业教育改革发展示范学校第二批立项建设单位，学校根据《教育部、人力资源和社会保障部、财政部关于实施国家中等职业教育改革发展示范学校建设计划的意见》(教职成〔2010〕9号)精神，深入贯彻落实科学发展观，全面推进素质教育。坚持以服务为宗旨、以就业为导向、以质量为核心，深化教育模式改革，推进教育机制创新，着力提高中等职业教育服务社会经济发展的能力，学校教师以《中等职业学校教师专业标准》为工作指南，开展企业调研、毕业生回访和实践专家访谈，根据行业对本课程所涵盖的岗位群进行工作任务和职业能力分析，创新人才培养方案，构建了园林技术等重点建设专业基于工作过程的课程体系，编写了课程标准，建立教学资源库，实施以真实生产环境为场所的现场教学；深入开展项目教学、案例教学、场景教学和岗位教学，落实以学生为主体、一体化教学理念，采用现代化的教学手段，优化教学过程，追求教学效率最大化。针对园林技术专业中等职业教育培养技能型、应用型人才的特点，完成了课程建设与系列专业教材的编写。

"园林景观设计"是园林技术专业的一门核心课，为充分体现项目教学、任务引领和实践导向的课程思想，编写小组选择以道路绿地、城市广场绿地、小游园绿地、居住区绿地、单位附属绿地和公园绿地方案设计作为教学任务，按照实际规划设计过程进行编写。

本教材针对专业实践综合性强、涉及面广的特点，采用案例教学，在每一个教学任务中，紧紧围绕企业规划设计的内容开展"教、学、做"一体化的教学活动。

本教材严格执行国家最新标准和规范。编写过程注重方案设计新理念、新标准、新规范的学习，分析具有代表性的优秀设计方案，力求做到给学生最新的知识，激发学生学习兴趣，为学生顶岗实习奠定基础。

本教材编写团队由专业带头人、骨干教师、企业专家和行业精英携手组成。全书包括道路绿地方案设计、城市广场绿地方案设计、小游园绿地方案设计、居住区绿地方案设计、单位附属绿地方案设计和公园绿地方案设计六个任务。每个任务均以设计前的项目准备和方案设计两个活动进行编写，并且在任务中加入了实际案例。

本教材的任务一和任务二由山西省城乡建设学校蔡茜老师编写；任务三由山西省城乡建设学校周建波老师编写；任务四和任务五由山西省林业职业技术学院郑森老师编写；任务六由山西省城乡规划设计研究院甄亮中老师编写。

本教材教学时数为80课时，各章节学时分配见下表：

章节	课程内容	建议课时
任务一	道路绿地方案设计	12
任务二	城市广场绿地方案设计	12
任务三	小游园绿地方案设计	14
任务四	居住区绿地方案设计	14
任务五	单位附属绿地方案设计	14
任务六	公园绿地方案设计	14

本教材由太原市建筑设计研究院景观设计师王晓燕老师担任主审，并在编写过程中全程精心指导，在调研过程中太原市园林建设开发公司马菁工程师给予了大力支持和帮助。

本教材的编写，得到了山西省教育厅教学指导委员会、山西省住房与城乡建设厅人事教育处、山西省建设教育协会、山西省城乡规划设计研究院和太原市朴源晟景园林景观有限公司的大力支持和鼓励。

山西省城乡建设学校马红山校长、郑华副校长、杨炜东书记和曾川副书记，在前期调研和编写过程中高度重视、有效组织、保障到位；本教材的编写出版，得到了武汉理工大学出版社的大力支持和帮助，在此一并表示感谢！

本教材可作为中等职业学校园林技术专业教材，亦可作为相关人员职业岗位培训教材或供园林景观设计人员参考。

由于编者水平有限，时间仓促，难免有错误和不妥之处，真诚希望读者批评指正。

编　者

2014年3月

目　　录

任务一　道路绿地方案设计

任务二　城市广场绿地方案设计

任务三　小游园绿地方案设计

任务四　居住区绿地方案设计

任务五　单位附属绿地方案设计

任务六　公园绿地方案设计

任务一　道路绿地方案设计

学习目标

- 会正确应用国家制图的标准；
- 能理解道路绿地设计主题的构思与确定；
- 会进行道路绿地基本形式的设计；
- 能进行行道树绿带种植设计；
- 能进行分车绿带绿化设计；
- 会道路绿地的模型制作与渲染；
- 能进行道路绿地的彩色平面效果图制作；
- 能进行道路绿地鸟瞰效果图与局部效果表现。

建议学时：12 学时

学习活动 1　道路绿地项目准备

学习目标

1. 了解规划区域的现状资料及文化资料；
2. 了解国家制图的标准；
3. 了解规划区域的分区及表现技法；
4. 会正确应用国家制图的标准。

情景描述

在做道路绿地方案设计时，设计者应先进行基地调查，熟悉物质环境、社会文化环境和视觉环境，然后对所有与设计有关的内容进行概括和分析，最后拿出合理的方案，完成设计。因此，在道路绿地项目准备活动中，要求：根据任务书的内容进行基地调查，收集与基地有关的资料，补充并完善不完整的内容，对整个路段及周围环境进行综合分析。结果用图片、表格或图解的方式表示。可以拍成照片或徒手线条勾绘，图面应简洁、醒目、说明问题。

知识链接

一、城市道路景观设计的重要性

1. 城市道路具有不易变更性

城市道路决定了城市发展的轮廓和形态，对城市景观的形成起着举足轻重的作用。例如我国的北京、西安等城市千年前形成的方格网道路系统，其格局至今未变。城市景观也因此形成了中轴对称的空间布局。

2. 城市道路网是组织城市各部分的“骨架”

城市各级道路往往成为划分城市分区、组团及各类城市用地的分界线。同时道路的性质也决定了道路两旁的土地使用性质。城市道路网的结构左右了城市布局的发展力，同时也决定了城市景观整体形象。

3. 城市道路是城市景观的窗口，也是城市风貌、特征的突出表现

初到一个地方，人们的最初印象就是城市的道路。对城市的第一感受也会由此而发。近年来，我国许多城市纷纷将美化市区出入口道路作为改善投资环境的重要内容。一条特色鲜明的城市道路往往会成为一个城市的标志，如深圳“世界之窗”附近的深南大道、滨海大道等都以浓烈、迷人的道路景观为城市注入了生活气息和休闲情趣。

二、道路绿地的作用

(1)营造城市景观；
(2)改善交通状况；
(3)保护城市环境；
(4)散步休息；
(5)结合生产；
(6)防灾、备战。

三、道路绿地的类型

(一)按道路的断面布置形式分类

1. 一板二带式（如图 1-1 所示）

图 1-1　一板二带式

2. 两板三带式(如图 1-2 所示)

图 1-2　两板三带式

3. 三板四带式(如图 1-3 所示)

图 1-3　三板四带式

4. 四板五带式(如图 1-4 所示)

图 1-4　四板五带式

5. 其他形式

(二)按绿地的景观特征分类

1. 密林式

一般用于城乡交界处或绕城高速公路,主要以乔木、灌木、地被等相结合形成林带;行人或汽车走路或行车期间如入森林之中,夏季绿荫覆盖凉爽宜人,且具有明确的方向性,因此引人注目。如图 1-5 所示。

图 1-5　密林式

2. 自然式

用自然式的绿地形式模拟自然景色，比较自由，主要根据地形与环境来决定。在一定宽度内布置自然树丛，树丛由不同植物种类组成，具有高低、浓淡、疏密和各种形体的变化，形成生动活泼的景观。如图 1-6 所示。

图 1-6　自然式

3. 花园式

沿道路外侧布置成大小不同的绿化空间，有广场，有绿荫，并设置必要的园林设施。如图 1-7 所示。

图 1-7　花园式

4. 田园式

道路两侧的园林植物都在视线以下，大都种草地，空间全面敞开。在郊区直接与农田、菜田相连，在城市边缘也可与苗圃、果园相邻。在路上高速行车，视线较好。如图 1-8 所示。

图 1-8　田园式

5. 滨河式

道路的一面临水，空间开阔，环境优美，是市民休息游憩的良好场所。如图 1-9 所示。

图 1-9　滨河式

四、城市道路绿地设计专用术语

(一)红线

1. 道路红线

一般为道路规划的界限,道路包括快车道、慢车道、花坛、人行道,道路红线一般为人行道与其他建筑物的分界线。

2. 建筑红线

城市道路两侧控制沿街建筑物(如外墙、台阶等)靠临街面的界线,又称建筑控制线。

一般为建筑物的占地界限,用实红线表示,二层以上有阳台用虚红线表示,表示底层不占用地。

(二)道路分级

道路分级的主要依据是道路的位置、作用和性质,是决定道路宽度和线性设计的主要指标。目前我国城市道路大都按三级划分,即主干道(全市性干道)、次干道(区域性干道)、支路(居住区或街坊道路)。

(三)道路总宽度

道路总宽度也叫路幅宽度,即规划建筑线(红线)之间的宽度,是道路用地范围,包括横断面各组成部分用地的总称。

(四)分车带

分车带是车行道上纵向分隔行驶车辆的设施,用以限定行车速度和车辆分行,常高出路面 10cm 以上,也有在路面上漆涂纵向白色标线,分隔行驶车辆,所以又称分车线。如图 1-10所示。

图 1-10　分车带

(五)交通岛

交通岛是为便于管理交通而设于路面上的一种岛状设施。一般用混凝土或砖石围砌,高出路面 10cm 以上。

(1)中心岛(如图 1-11 所示)(又叫转盘):设置在交叉路口中心引导行车;

图 1-11　中心岛

(2)方向岛(如图 1-12 所示):路口上分隔进出行车方向;

图 1-12　方向岛

(3)安全岛(如图 1-13 所示):宽敞街道中供行人避车处。

图 1-13　安全岛

(六)人行道绿化带

又称步行道绿化带,是车行道与人行道之间的绿化带。人行道如果有 2～6m 的宽度,就可以种植乔木、灌木、绿篱等。行道树是其中最简单的形式,指按一定距离沿车行道成行栽植树木。如图 1-14 所示。

图 1-14　人行道绿化带

(七)防护绿带

防护绿带是将人行道与建筑分隔开的绿带。防护绿带应有 5m 以上的宽度,可种植乔木、灌木、绿篱等,主要是为减少噪音、烟尘、日晒,以及减少有害气体对环境的危害。路幅宽度较小的道路不设防护绿带。如图 1-15 所示。

图 1-15　防护绿带

(八)基本绿带

又称基础栽植,是紧靠建筑的一条较窄的绿带。它的宽度为 2～5m,可栽植绿篱、花灌木,分隔行人与建筑,减少外界对建筑内部的干扰,美化建筑环境。如图 1-16 所示。

图 1-16　基本绿带

1.园林制图标准有哪些?
2.如何进行道路绿地项目准备?所需的材料、工具、步骤、注意事项有哪些?
3.城市道路景观设计的重要性表现在哪些方面?
4.道路绿地的作用有哪些?
5.道路绿地的类型有哪些?
6.道路交通绿地的功能分类及专用术语有哪些?

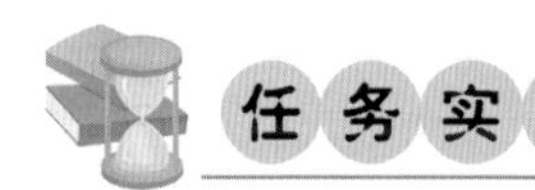

1.设计人员首先应该充分了解设计委托方的具体要求,有哪些愿望,对设计所要求的造价和时间期限等内容。从中确定哪些值得深入细致地调查和分析,哪些只要做一般的了解。

2.根据任务书的内容进行基地调查,弄清与掌握道路的等级、性质、功能、周围环境,以及投资能力基本来源、施工、养护技术水平等,然后综合研究,将总体与局部结合起来,做出切实、经济、合理的设计方案。

3.调查结果用图片、表格或图解的方式表示。

学习活动 2　道路绿地方案设计

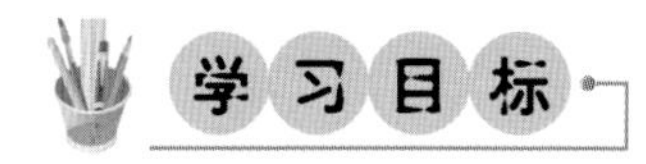

1.能理解道路绿地设计主题的构思与确定;
2.会进行道路绿地基本形式的设计;

3. 能进行行道树绿带种植设计；

4. 能进行分车绿带绿化设计。

情景描述

在对道路绿地现状调查分析后，应该在方案设计之前先做出整个道路的用地规划或布置，保证功能合理，尽量利用基地条件，使得各项内容各得其所，然后再分区块进行各局部景点的方案设计。因此，在道路绿地方案设计中，要求：根据基地调查和分析得出的结果进行道路绿地方案设计，形成方案构思图、平立剖面图、详图、局部效果图、方案鸟瞰图等。

知识链接

一、城市道路绿地规划设计原则

（一）安全性原则

（1）符合行车视线要求。

（2）满足行车净空要求。

（3）安全第一。

（二）实用性原则

（三）生态性原则

（1）道路绿地是一台天然过滤器，可以滞尘和净化空气；

（2）道路绿地是一台天然制氧机，可以吸收 CO_2，释放 O_2；

（3）道路绿地是一台天然温度控制器，可以降低温度，增加空气湿度；

（4）道路绿地是一台天然杀毒机，可以吸收有害气体，降解有毒物质；

（5）道路绿地可以隔音和降低噪声；

（6）道路绿地可以防风、防雪、防火等。

（四）以人为本的原则

道路空间是供人们生活、工作、休息、相互往来与货物流通的通道，考虑到我国城市交通的构成情况和未来发展前景，并根据不同道路的性质、各种用路者的比例作出符合现代交通条件下行为规律与视觉特性的设计，需要对道路交通空间活动人群，根据其不同的出行目的与乘坐（或驾驶、驾坐）不同交通工具所产生的行为规律、视觉特性予以研究，并从中找出规律，作为城市交通绿地与环境设计的一种依据。

道路上的人流、车流等，都是在动态过程中观赏街景的，而且由于各自的交通目的和交通手段的不同，产生了不同的行为规律和视觉特性，设计应以人为本。

（五）协调性原则

道路绿地的设计除应符合美学的要求，遵循一定的艺术构图原则，还应根据道路性质、街道建筑、风土民俗、气候环境等来进行综合考虑，使绿地与道路环境中的其他景观元素协调，与地形环境、沿街建筑等紧密结合，与城市自然景色（山峦、湖泊、绿地等）、历史文物（古建筑、古桥梁、古塔、民居等）以及现代建筑有机结合在一起。把道路环境作为一个整体加以考虑，进行一体化的设计，才能形成独具特色的优美的城市景观。

（六）景观稳定性、特色性原则

不同的城市可以有不同的道路绿地形式，不同的绿地形式可以选择不同的绿化树种，不同的绿化树种，有着树型、色彩、气味、季相等不同，因此在绿化设计中应根据不同的道路绿地形式、不同的道路级别、不同用路者的视觉特性和观赏要求以及不同道路的景观和功能要求来进行灵活选择，形成三季有花，四季常青的绿化效果。

（七）近期和远期效果相结合原则

二、城市街道绿地设计

城市街道绿地设计包括行道树种植设计，道路绿带设计，交叉路口种植设计，立体交叉绿地设计，交通岛绿地设计，停车港、停车场绿地设计，林荫道绿地设计，滨河路绿地设计和步行商业街绿地设计等。

（一）行道树种植设计

1. 行道树的概念

按一定方式种植在道路的两侧，造成浓荫的乔木，称为行道树。

2. 行道树的生长环境及树种选择原则

（1）行道树的生长环境：行道树的生长环境除了要求具备一般的自然条件，如：光、温度、空气、风、土壤、水分等。另外，它又包括所在城市的特殊环境。行道树所处的环境与城市公园及其他公共绿地不同，有许多不利于植物生长的因素，如建筑物、地上地下管线、人流、交通等人为的因素，因此行道树生长环境条件是一个复杂的综合整体。

（2）行道树的树种选择原则：行道树应选择深根性、分枝点高、冠大荫浓、生长健壮、适应城市道路环境条件，且落果对行人、车行交通不会造成危害的树种；移植时容易成活，管理省工，对土、肥、水要求不高，耐修剪，病虫害又少的抗性强的树种；树干挺直，绿荫效果好；发芽早，落叶晚，且时间一致；花果无毒，落果少，没有飞絮；树龄长、材质好；在沿海受台风影响的城市或一般城市的风口地段最好选用深根性树种。

3. 行道树种植方法

（1）树带式：在人行道和车行道之间留出一条不加铺装的种植带，为树带式。

树带式种植带宽度一般不小于 1.5m，以 4～6m 为宜，可植一行乔木和绿篱或视不同宽度可多行乔木和绿篱结合。一般在交通、人流不大的情况下采用这种种植方式，有利于树木生长。在种植带树下应铺设草皮，以免裸露的土地影响路面的清洁，同时在适当的距离要留出铺装过道，以便人流通行或汽车停站。

（2）树池式：在交通量比较大，行人多而人行道又狭窄的街道上，宜采用树池式，如图 1-17 所示。

一般树池以正方形为好，大小以 1.5m×1.5m 较为合适；另外长方形以 1.2m×2m 为宜；还有圆形树池，其直径不小于 1.5m。行道树宜栽植于几何形的中心。树池的边石有高出人行道 10～15cm 的，也有和人行道等高的。前者对树木有保护作用，后者行人走路方便。现多选用后者。在主要街道上还覆盖特制混凝土盖板石或铁花盖板保护植物，于行人更为有利。

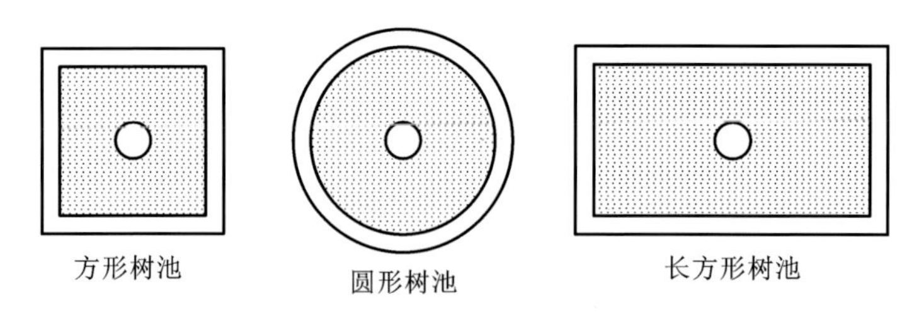

图 1-17 常用树池式示意图

4. 行道树定干高度及株距

行道树的定干高度，应根据其功能要求、交通状况、道路的性质、宽度及行道树距车行道的距离、树木分枝角度而定。当苗木出圃时，一般胸径在 12～15cm 为宜，树干分枝角度较大者，干高不得小于 3.5m，分枝角度较小者，也不能小于 2m，否则会影响交通。对于行道树的株距，一般要根据所选植物成年冠幅大小来确定，另外道路的具体情况，如交通或市容的需要也是考虑株距的重要因素。故视具体条件而定，以成年树冠郁闭效果好为准。常用的株距有 4m、5m、6m、8m 等。

5. 行道树与工程管线之间的关系

随着城市化进程的加快，各种管线不断增多，包括架空线和地下管网等。一般多沿道路走向布设各种管道，因而易与城市街道绿化产生许多矛盾。一方面要在城市总体规划中考虑；另一方面又要在详细规划中合理安排，为树木生长创造有利条件。附树木与各种管线设施构筑物之间的关系（表 1-1～表 1-5），供作参考。

表 1-1 行道树的株距

树种类型	通常采用的株距			
	准备间移(m)		不准备间移(m)	
	市区	郊区	市区	郊区
快长树(冠幅 15m 以下)	3～4	2～3	4～6	4～8
中慢长树(冠幅 15～20cm)	3～5	3～5	5～10	4～10
慢长树	2.5～3.5	2～3	5～7	3～7
窄冠树	—	—	3～5	3～4

表 1-2 树木与建筑物、构筑物水平间距

名　称	最小间距	
	至乔木中心(m)	至灌木中心(m)
有窗建筑物外墙	3.0	1.5
无窗建筑物外墙	2.0	1.5
道路侧面外缘、挡土墙脚、陡坡	1.0	0.5
人行道	0.75	0.5
高 2m 以下围墙	1.0	0.75
高 2m 以上围墙	2.0	1.0
天桥、栈桥的柱及架线塔电线杆中心	2.0	不限
冷却池外缘	40.0	不限
冷却塔	高 1.5 倍	不限
体育用场地	3.0	3.0
排水明沟外缘	1.0	0.5

续表 1-2

名称	最小间距	
	至乔木中心(m)	至灌木中心(m)
邮筒、路牌、车站标志	1.2	1.2
警亭	3.0	2.0
测量水准点	2.0	1.0
人防地下室入口	2.0	2.0
架空管道	1.0	
一般铁路中心线	3.0	4.0

表 1-3 树木与架空线路的间距

架空线名称	树木枝条与架空线的水平距离(m)	树木枝条与架空线的垂直距离(m)
1kV 以下电力线	1	1
1～20kV 电力线	3	3
35～140kV 电力线	4	4
150～220kV 电力线	5	5
电线明线	2	2
电信架空线	0.5	0.5

表 1-4 一般较大型的各类车辆高度

车类 / 度量	无轨电车	公共汽车	载重汽车
高度(m)	3.15	2.94	2.56
宽度(m)	2.15	2.50	2.65
离地高度(m)	0.36	0.20	0.30

表 1-5 植物与地下管线及地下构筑物的距离

名称	至中心最小距离(m)	
	乔木	灌木
给水管、闸井	1.5	不限
污水管、雨水管、探井	1.0	不限
电力电缆、探井	1.5	
热力管	2.0	1.0
弱电电缆沟、电力电讯杆	2.0	
路灯电杆	2.0	
消防龙头	1.2	1.2
煤气管、探井	1.5	1.5
乙炔氧气管	2.0	2.0
压缩空气管	2.0	1.0
石油管	1.5	1.0
天然瓦斯管	1.2	1.2
排水盲管	1.0	0.5

续表 1-5

名称	至中心最小距离(m)	
	乔木	灌木
人防地下室外缘	1.5	1.0
地下公路外缘	1.5	1.0
地下铁路外缘	1.5	1.0

(二)道路绿带设计

1. 分车绿带的设计

(1)分车绿带的概念:在分车带上进行绿化,称为分车绿带,也称隔离绿带。

(2)分车绿带的功能:用绿带将快慢车道分开,或将逆行的车辆分开,保证快慢车行驶的速度与安全。有组织交通、分隔上下行车辆的作用。

(3)分车绿带的宽度:依车行道的性质和街道总宽度而定,高速公路分车绿带的宽度可达 5～20m,一般也要 2～5m,但最低宽度也不能小于 1.5m。

(4)分车绿带的种植方式:分车带的绿化设计方式有三种,即封闭式、开敞式、半开敞式。

①封闭式分车带:造成以植物封闭道路的境界,在分车带上种植单行或双行的丛生灌木或慢生常绿树,当株距小于 5 倍冠幅时,可起到绿色隔墙的作用。在较宽的隔离带种植高低不同的乔木、灌木和绿篱,可形成多种树冠搭配的绿色隔离带,层次和韵律较为丰富。

②开敞式分车带:在分车带上种植草皮、低矮灌木或较大株行距的大乔木,以达到开朗、通透的境界,大乔木的树干应该裸露。另外,为便于行人过街,分车带要适当进行分段,一般以 75～100m 为宜,尽可能与人行横道、停车站、大型商店和人流集散比较集中的公共建筑出入口相结合。

③半开敞式分车带:介于封闭式和开敞式之间,可根据行车道的宽度、所处环境等因素,利用植物形成局部封闭的半开敞空间。

(5)分车绿带的植物选择:分车带以种植草皮与灌木为主,尤其在高速干道上的分车带更不应该种植乔木,以使司机不受树影、落叶等的影响,保证高速干道行驶车辆的安全。

(6)行人横穿分车绿带的处理方式:当行人横穿道路时必然横穿分车绿带,这些地段的绿化设计应根据人行横道线在分车绿带上的不同位置,采取相应的处理办法。既要满足行人横穿马路的要求,又不致影响分车绿带的整齐美观。有三种情况:

①人行横道线在绿带顶端通过,在人行横道线的位置上铺装混凝土方砖不进行绿化。

②人行横道线在靠近绿带顶端位置通过,在绿带顶端留下一小块绿地,在这一小块绿地上可以种植低矮植物或花卉草地。

③人行横道线在分车绿带中间某处通过,在行人穿行的地方不能种植绿篱及灌木,可种植落叶乔木。

(7)公共交通车辆的中途停靠站的设置:公共交通车辆的中途停靠站,一般都设在靠近快车道的分车绿带上,车站的长度约 30m。在这个范围内一般不能种灌木、花卉,可种植乔木,以便夏季为等车乘客提供树荫。当分车绿带宽 5m 以上时,在不影响乘客候车的情况下,可以种植草坪、花卉、绿篱和灌木,并设矮栏杆进行保护。

2. 人行道绿带设计

(1)人行道绿带的概念:从人行道边缘至建筑红线之间的绿地统称为人行道绿带。

(2)人行道绿带的种植设计：一般宽 2.5m 以上的绿地种一行乔木，宽度大于 6m 时可种植两行乔木，宽度在 10m 以上可采用多种方式种植。常用宽度为 1.5～4.5m，长度为 40～100m。合理的株距为树冠冠幅的 4～5 倍。

(3)人行道绿带是带状狭长的绿地，栽植形式可分为规则式、自然式以及规则与自然相结合的形式，其中规则式的种植形式目前最为常用，如绿带中间种植乔木，靠车行道一侧种植常绿绿篱。也有以常绿树为主的种植方式，在绿地中种植常绿乔木及常绿绿篱，其中还可以夹种一些开花灌木，形成丰富多变的道路景观。

除上述规则式种植以外，目前还常用自然式种植。所谓自然式种植就是绿带上树木三五成丛，高低错落地布置在车行道两侧，这种种植方式自由灵活、景观效果活泼自然。其种植方式又分为带状与块状两种类型。

3. 防护绿带设计

宽度在 2.5m 以上时，可考虑种一行乔木和一行灌木；宽度大于 6m 时可考虑种植两行乔木，或将大小乔木、灌木以复层方式种植；宽度在 10m 以上的种植方式可更多样化。

4. 基础绿带设计

基础绿带的主要作用是为了保护建筑内部的环境及其活动不受外界干扰。基础绿带内可种灌木、绿篱及攀缘植物以美化建筑物。种植时一定要保证植物与建筑物最小距离，保证室内的通风和采光。

(三)交叉路口种植设计

为了保证行车安全，在道路交叉口必须为司机留出一定的安全视距，使司机在这段距离能看到对面及左右开来的车辆，并有充分刹车和停车的时间，而不至于发生事故。这种从发觉对方汽车立即刹车而能够停车的距离称之为安全视距或停车视距。这个视距主要与车速有关。

根据相交道路所选用的停车视距，可在交叉口平面上绘出一个三角形，称为视距三角形。

在视距三角形范围内，不能有阻碍视线的物体。如在此三角形内设置绿地，则植物的高度不得超过小轿车司机的视高。应控制在 0.65～0.7m 以内，宜选低矮灌木、丛生花草种植。

视距的大小，随着道路允许的行驶速度，道路的坡度，路面质量情况而定，一般采用 30～35m 的安全视距为宜。安全视距计算公式：

$$D = a + tv + b$$

$$b = v^2/(2g\varphi)$$

式中　D——最小视距(m)；

v——规定行车速度(m/s)；

b——刹车距离(m)；

g——重力加速度($9.8m/s^2$)；

a——汽车停车后与危险带的安全距离(m)，一般采用 4m；

t——驾驶员发现目标必须刹车的时间(s)，一般为 1.5s；

φ——汽车轮胎与路面的摩擦系数，结冰时为 0.2，潮湿时为 0.5，干燥时为 0.7。

(四)立体交叉绿地设计

1. 立体交叉的概念

立体交叉可能位于城市两条高等级的道路相交处或高等级跨越低等级道路处，也可能位于快速道路的入口处。这些交叉形式不同,交通量和地形也不相同,需要灵活地处理。

2.绿岛的设计要点

(1)绿岛是立体交叉中面积比较大的绿化地段,一般应种植开阔的草坪,草坪上点缀有较高观赏价值的常绿植物和花灌木,也可以种植观叶植物组成的模纹色块和宿根花卉。

(2)如果绿岛面积较大,在不影响交通安全的前提下,可以按照街心花园或中心广场的形式进行布置,设置小品、雕塑、园路、花坛、水池、座椅等设施。

(3)立体交叉的绿岛处在不同高度的主次干道之间,往往有较大的坡度,这对绿化是不利的,可设挡土墙减缓绿地坡度,一般以不超过5%为宜。

(4)绿岛内还需装设喷灌设施。在进行立体交叉绿化地段的设计时,要充分考虑周围的建筑物、道路、路灯、地下设施和地下各种管线的关系,做到地上、地下合理安排,才能取得较好的绿化效果。

(5)在立体交叉处,绿地布置要服从该处的交通功能,使司机有足够的安全视距。例如出入口可以有作为指示标志的植物,使司机看清入口;在弯道外侧,最好种植成行的乔木,以便诱导司机的行车方向,同时使司机有一种安全的感觉。因此在立交进出道口和准备会车的地段、在立交匝道内侧道路有平曲线的地段不宜种植遮挡视线的树木(如绿篱或灌木),其高度也不能超过司机的视高,使司机能通视前方的车辆。在弯道外侧,植物应连续种植,视线要封闭,不使视线涣散,并预示道路方向和曲率,以利于行车安全。

(五)交通岛绿地设计

1.交通岛的概念

交通岛俗称转盘,通常设在道路交叉口处。

2.交通岛的主要功能

交通岛组织环形交通,使驶入交叉口的车辆一律绕岛作逆时针单向行驶。一般设计为圆形。交通岛的直径的大小必须保证车辆能按照一定的速度以交织方式行驶。圆形中心岛直径一般为40～60m,而小型城镇的中心岛的直径也不能小于20m。

交通岛不能布置成供行人休息用的小游园、广场或吸引人的地面装饰物,而常以嵌花草皮花坛为主或以低矮的常绿灌木组成色块图案或花坛,切忌用常绿小乔木或灌木,以免影响视线。

(六)停车港、停车场绿地设计

1.停车港的绿化

在城市中沿着路边停车,将会影响交通,也会使车道变小。可在路边设凹入式的“停车港”,并在周围植树,使汽车在树荫下可以避晒,既解决了停车的要求,又增加了街景的美化效果。

2.停车场的绿化

随着人民生活水平的提高和城市发展速度的加快,机动车辆越来越多,对停车场的要求也越来越高。一般在较大的公共建筑物,如剧场、体育馆、展览馆、影院、商场、饭店等附近都应设停车场。停车场的绿化可分为三种形式,多层的、地下的和地面的。目前我国以地面停车场较多,具体可分为以下三种形式:

(1)周边式:较小的停车场适用于周边式,这种形式是四周种植落叶乔木、常绿乔木、花灌木、草地、绿篱或围以栏杆,场内地面全部硬质铺装。近年来,为了改善环境,提高绿量,停车场纷纷采用草坪砖作铺装材料。

(2)树林式:较大的停车场为了给车辆遮阳,可在场地内种植成行、成列的落叶乔木,除乔木外,场内地面全部硬质铺装或采用草坪砖铺装。

(3)建筑物前的绿化带兼停车场:因靠近建筑物而使用方便,是目前运用最多的停车场形式。这种形式的绿化布置灵活,多结合基础栽植、前庭绿化和部分行道树设计。设计时既要衬托建筑物,又要能对车辆起到一定的遮阴和隐蔽作用,故一般种植乔木和高绿篱或灌木结合。

(七)林荫道绿地设计

1. 林荫道的概念

林荫道是指与道路平行并具有一定宽度的带状绿地,也可称为带状的街头休息绿地。它扩大了群众活动场地,同时增加了城市绿地面积,对改善城市小气候、组织交通、丰富城市街景起着很大作用。

2. 林荫道布置的几种类型

(1)设在街道中间的林荫道:即两边为上下行的车行道,中间有一定宽度的绿化带,这种类型较为常见。例如:北京正义路林荫道、上海肇家滨林荫道等。主要供行人和附近居民作暂时休息用。此类型多在交通量不大的情况下采用,出入口不宜过多。

(2)设在街道一侧的林荫道:由于林荫道设立在道路的一侧,减少了行人与车行道的交叉,在交通比较繁忙的街道上多采用此种类型,同时也往往受地形影响而定。例如:傍山、一侧滨河或有起伏的地形时,可利用借景将山、林、河、湖组织在内,创造安静的休息环境和优美的景观效果。例如上海外滩绿地、杭州西湖畔的公园绿地等。

(3)设在街道两侧的林荫道:设在街道两侧的林荫道与人行道相连,可以使附近居民不用穿过道路就可到达林荫道内,安静且使用方便。此类林荫道占地过大,目前使用较少。

3. 花园林荫道设计原则

(1)必须设置游步路。可根据具体情况而定,但至少在林荫道宽 8m 时有一条游步路;在 8m 以上时,设两条以上为宜。

(2)车行道与林荫道绿带之间,要有浓密的绿篱和高大的乔木组成绿色屏障,一般立面上布置成外高内低的形式。如图 1-18 所示。

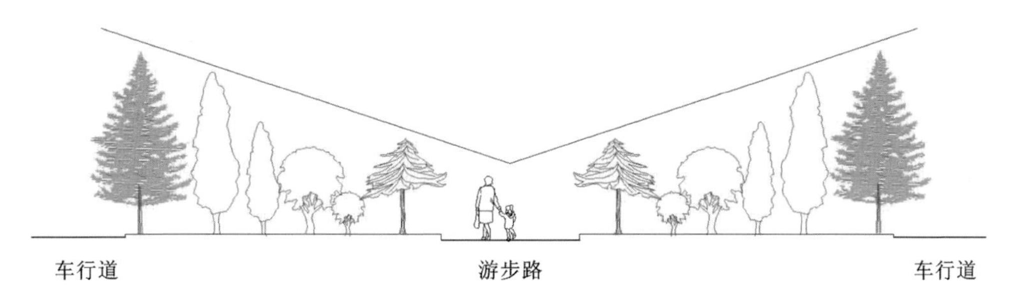

图 1-18　林荫道地面轮廓外高内低示意图

(3)林荫道中除设置游步路外,还可考虑设置小型的儿童游戏场、休息座椅、花坛、喷泉、阅报栏、花架等建筑小品。

(4)林荫道可在长 75～100m 处分段设立出入口,各段布置应具有特色。但在特殊情况下,如大型建筑的入口处,也可设出入口。同时在林荫道的两端出入口处,或使游步路加宽或设小型广场。但分段不宜过多，否则影响内部的安静。

(5)林荫道设计中的植物配置，要以丰富多彩的植物取胜。道路广场面积不宜超过25%，乔木应占30%～40%，灌木占20%～25%，草坪占10%～20%，花卉占2%～5%。南方天气炎热，需要更多的树荫，故常绿树的占地面积可大些，在北方，则以落叶树占地面积较大为宜。

(6)林荫道的宽度在8m以上时，可考虑采取自然式布置；8m以下时，多按规则式布置。

(八)滨河路绿地设计

1. 滨河路的概念

滨河路是指城市中临河、湖、海等水体的道路。由于一面临水，空间开阔，环境优美，再加上进行绿化、美化，是城市居民休息的良好场地。水体沿岸不同宽度的绿带称为滨河绿地，这些滨河路的绿地往往给城市增添了美丽的景色。滨河路一侧为城市建筑，另一侧为水体，中间为道路绿化带。

2. 滨河路绿地设计要点

(1)滨河路绿地一般在临近水面设置游步路，最好能尽量接近水边，因为行人习惯于靠近水边行走。

(2)如有风景点可观时，可适当设计成小广场或凸出水面的平台，以便供游人远眺和摄影。

(3)可根据滨河路地势高低设成1～2层平台，以踏步联系，可使游人接近水面，使之有亲切感。

(4)如果滨河水面开阔，能划船或游泳时，可考虑以游园或公园的形式，容纳更多的游人活动。

(5)滨河林荫道内的休息设施可多样化，岸边增设栏杆，并放置座椅供游人休息。如林荫道较宽时，可布置成自然式。可设置草坪、花坛、树丛等，并安排简单园林小品、雕塑、座椅、园灯等，但要适量。

(6)滨河绿地除采用一般街道绿化树种外，在低湿的河岸或一定时期水位可能上涨的水边，应特别注意选择能适应水湿和耐盐碱的树种。

(7)滨河绿地的绿化布置既要保证游人的安静休息和健康安全，靠近车行道一侧的植物应能减少噪声，临水一侧不宜过于闭塞。林冠线要富于变化，乔木、灌木、草坪、花卉结合配置，丰富景观，另外还要兼顾防浪、固堤、护坡等功能。

(九)步行商业街绿地设计

1. 步行商业街绿地概念

在市中心地区的重要公共建筑、商业与文化生活服务设施集中的地段，设置专供人行而禁止一切车辆通行的道路称步行街道。如北京王府井大街、上海的南京路、广州的北京路。步行商业街绿地是指位于步行街道内的所有绿化地段（如图1-19所示）。

2. 步行商业街绿地设计要点

(1)步行商业街的设计在空间尺度和环境气氛上要亲切、和谐，人们在这里可感受到自我，从心理上得到较好的休息和放松。

(2)绿地种植要精心规划设计，并与环境、建筑协调一致，使功能性和艺术性很好地结合

王府井大街

上海南京路

图 1-19　步行商业街

起来，呈现出较好的景观效果。

(3)综合考虑周围环境，进行合理的植物选择。要特别注意植物形态、色彩，要和街道环境相结合，树形要整齐，乔木要冠大荫浓、挺拔雄伟，花灌木无刺、无异味，花艳、花期长。特别需考虑遮阳与日照的要求，在休息空间应采用高大的落叶乔木，夏季茂盛的树冠可遮阳，冬季树叶脱落，又有充足的光照，为顾客提供不同季节舒适的环境。地区不同，绿化布置上也有所区别，如在夏季时间长，气温较高的地区，绿化布置时可多用冷色调植物；而在北方则可多用暖色调植物布置，以改善人们的心理感受。

(4)在街心适当布置花坛、雕塑，增添步行街的识别性和景观特色。此外，步行街还可铺设装饰性花纹地面，增加街景的趣味性。

(5)考虑服务设施和休息设施的设置。由于步行商业街绿地的使用者均是以步行游览为主，对体力的消耗比较大，因此应考虑合理的设置服务设施和休息设施。例如设置供群众休息用的座椅、凉亭、电话间等。

(6)步行商业街绿地的特点：步行商业街首先位于市中心地区的重要公共建筑、商业与文化生活服务设施集中的地段，也就是说它的位置一般在城市最繁华的街道，而一般情况下这些街道周围均以现代化的高层建筑为主，所以在绿地景观设计时，应注意如何使绿地景观与周围环境相协调。其次它又是一条专供人行而禁止一切车辆通行的道路，因此步行商业街绿地的使用者均是以步行游览为主，速度较慢，在设计时景观的处理应较为细腻。因此步行商业街绿地的设计与普通道路的设计有着较大的区别。

三、公路、铁路绿化设计

(一)公路绿化

(1)公路绿化的目的在于美化道路，防风、防尘，并满足行人车辆的遮阴要求，再加上其地下管线设施简单，人为影响因素较少。

(2)公路绿化要根据公路的等级、路面的宽度来决定绿化带的宽度及树木的种植位置。

①路面宽度在 9m 或 9m 以下时，公路植树不宜种在路肩上，要种在边沟以外，距边缘 0.5m 处为宜。

②路面宽度在 9m 以上时，可种在路肩上，距边沟内径不小于 0.5m 为宜，以免树木生长，地下部分破坏路基。

(3)公路交叉口应留出足够的视距，在遇到桥梁、涵洞等构筑物时5m以内不得种树。

(4)公路线较长时，应在2～3km处变换树种，避免绿化单调，增加景色变化，保证行车安全，避免病虫害蔓延。

(5)选择公路绿化树种时要注意乔灌结合，常绿落叶结合，速生树与慢生树结合，还应多采用地方乡土树种。

(6)公路绿化应尽可能结合生产或与农田防护林带结合，做到一林多用，节省用地。

(二)铁路绿化

1. 铁路绿化的目的

铁路绿化的目的在于保护铁轨枕木少受风、沙、雨、雪的侵袭，还可保护路基。在保证火车行驶安全的前提下，在铁路两侧进行合理的绿化，还可形成优美的景观效果。

2. 铁路绿化的要求

(1)种植乔木应距铁轨10m以上，6m以上可种植灌木。

(2)在铁路、公路平交的地方，50m公路视距、400m铁路视距范围内不得种植阻挡视线的乔、灌木。

(3)铁路拐弯内径150m内不得种植乔木，可种植小灌木及草本地被植物。

(4)在距机车信号灯1200m内不得种乔木，可种小灌木及地被。

(5)在通过市区的铁路左右应各有30～50m以上的防护绿化带阻隔噪声，以减少噪声对居民的干扰。绿化带的形式以不透风式为好。

(6)在铁路的边坡上不能种乔木，可采用草本或矮灌木护坡，防止水土冲刷，以保证行车安全。

3. 火车站广场及候车室的绿化

火车站是一个城市的门户，应体现一个城市的特点，火车站广场绿化在不妨碍交通运输、人流集散的情况下，可适当设置花坛、水池、喷泉、雕像、座椅等设施，并种植庭荫树及其他观赏植物，既改善了城市的形象，增添了景观，又可供旅客短时休息观赏用。

(三)高速公路绿化

1. 高速公路断面的布置形式

高速公路的横断面包括中央隔离带(分车绿带)、行车道、路肩、护栏、边坡、路旁安全地带和护网。

2. 高速公路绿地种植设计要点

(1)遮光种植也称防眩种植。因车辆在夜间行驶常由对方灯光引起眩光，在高速公路上，由于对方车辆行驶速度高，这种眩光往往容易引起司机操纵上的困难，影响行车安全。因而采用遮光种植的间距、高度与司机视线高和前大灯的照射角度有关。树高根据司机视线高决定。从小轿车的要求看，树高需在150cm以上，大轿车需200cm以上。但过高则影响视界，同时也不够开敞。

(2)建筑物要远离高速公路，用较宽的绿带隔开。绿带上不可种植乔木，以免司机因晃眼而出事故。高速公路行车，一般不考虑遮阴的要求。

(3)高速公路中央隔离带的宽度最少4m，日本以4～4.5m居多，欧洲大多采用4～5m宽，美国10～12m。有些受条件限制，为了节约土地也有采用3m宽的。隔离带内可种植灌木、草皮、绿篱、矮形整排的常绿树，以形成简洁、有序和明快的配置效果，隔离带的种植宜因地制宜，作分段变化处理，以丰富路景和消除视觉疲劳。由于隔离带较窄，为安全起见，往往需要增设防护栏。当然，较宽的隔离带，也可以种植一些自然的树丛。

(4)当高速公路穿越市区时，为了防止车辆产生的噪声和排放的废气对城市环境的污染，在干道的两侧要留出20～30m的安全防护地带。美国有45～100m宽的防护带，均种植草坪和宿根花卉，然后为灌木、乔木，其林型由低到高，既起防护作用，也不妨碍行车视线。

(5)为了保证安全，高速公路不允许行人与非机动车穿行，所以隔离带内需考虑安装喷灌或滴灌设施，采用自动或遥控装置。路肩是作为故障停车用的，一般3.5m以上不能种植树木。边坡及路旁安全地带可种植树木、花卉和绿篱，但要注意大乔木要距路面有足够的距离，不可使树影投射到车道上。

(6)高速公路的平面线型有一定要求，一般直线距离不应大于24km，在直线下坡拐弯的路段应在外侧种植树木，以增加司机的安全感，并可引导视线。

(7)当高速公路通过市中心时，要设置立交。这样与车行、人行严格分开。绿化时不宜种植乔木。

(8)高速公路超过100km，需设休息站，一般在50km左右设一休息站，供司机和乘客停车休息。休息站还包括减速车道、加速车道、停车场、加油站、汽车修理房、食堂、小卖部、厕所等服务设施。而且应结合这些设施进行绿化。停车场应布置成绿化停车场，种植具有浓荫的乔木，防止车辆受到强光照射，场内可根据不同车辆停放地点，用花坛或树坛进行分隔。

道路绿地方案设计实例

目　录

CONTENTS

太原环城高速太谷连接线（小店段）景观绿化设计方案

太原环城高速太谷连接线景观绿化设计说明

太原环城高速太谷连接线景观绿化设计说明

一、项目概况

本项目位于太原市小店区，与太谷连接线，主要任务为道路两侧绿化景观及种植设计。力求通过合理的景观设计与植物配置能展现现代城市高速公路的特色。

二、设计目标

本着改善城市环城高速环境，提高城市环城高速品位的原则，营造良好的公共开放空间，增强高速公路两侧的绿化景观审美要求，创造高速公路沿线良好的形象，进行本次设计。

三、设计内容

本次设计总长13km。分三段设计。第一段，为市政道路，范围为唐槐路由化章街到14号线。第二段，为市政道路与高速公路的连接段，范围由14号线到太中银铁路线。第三段为环城高速公路，范围由太中银铁路线到小店区地界。设计分三个标段设计，每个标准段设计长度200m，每段有三个设计方案。

四、绿化种植设计

本次项目主要任务为道路两侧绿化种植设计。因此，植物的配置是本次设计的关键，植物配置遵循在空间上乔、灌、草层次错落有序，在色彩上红、绿、黄、粉等色彩丰富的原则。

每一标准段长度为200m，且分为方案一、方案二和方案三，三种方式配置植物。

第一段，市政道路，行道树种植国槐，6m一株。机动车道与非机动车道间有3m宽的绿化隔离带乔木仍种国槐，中间紫叶矮樱和西府海棠等小乔木间隔种植，华北卫矛球点缀其中，基层为金叶女贞、小叶黄杨篱和红叶小檗篱间隔种植，空间错落有致，色彩丰富。路心池是碧桃、木槿，白蜡、紫丁香与油松三带为一循环。端头配以景石与山楂、油松、连翘，胶东卫矛球、矮牵牛等参差的组团景观。方案二配置中路心池色彩稍逊于方案一。端头无景石花卉等。方案三，3m绿化带栾树和塔桧间隔种植，胶东卫矛篱和金叶榆篱间隔种植。8m路心池有组团景观，且塔桧和新疆杨间隔种植，西府海棠、紫叶矮樱、珍珠梅、红王子景带间隔种植，绿篱为胶东卫矛篱和金叶榆篱。

第二段，为连接段，也称过渡段。也有三种配置形式。方案一在植物配置上以新疆杨为背景林。油松、紫叶矮樱、元宝枫、樱花等层次错落有致，配以自由曲线的绿篱植物，结合花团景观，色彩丰富，造型独特。路心池仍沿用第一段的配置。方案二在配置上没有花卉和绿篱，而以乔灌结合，注重色彩的搭配置。路心池端头也无景石造景。方案三中，乔木由新疆杨和云杉间隔种植，山杏、连翘等彩叶树种，华北卫矛球、铺地柏及野花组合。8m种植池同第一标段。

第三段，为环城高速，植物配置沿用第二段的配置，只是高速公路上无路心池景观。

十字路口，因车辆来往较频繁，因此，进行了别出心裁的设计。方案一以油松为背景林，金叶槐、元宝枫、山楂、紫叶矮樱、西府海棠等结合自由曲线的绿篱，并配以花卉，景石。方案二绿篱形式自由多变，无花卉，景石点缀。空间营造上乔木、花灌木，球类植物，绿篱相结合，营造丰富的空间。

高架桥西侧的景观设计更是花样繁多。方案一中结合地形的高低起伏配以新疆杨、金枝槐、油松、山楂，连翘，紫叶矮樱、火炬树等，花卉选择上鸢尾、金娃娃萱草、矮牵牛、八宝景天等与园路、景石，营造可步入式空间，使高速行驶的高架桥上的旅客获得视觉上的享受，足以使其眼前一亮。方案二设计中地形平坦，配以自由的绿篱，无花卉种植。且不再是可步入式的空间，更注重观赏性。

本次设计坚持实用、美观的原则，在空间上错落、参差、有序，在树种搭配上力求三季有花，四季常绿，色彩丰富。

太原环城高速太谷连接线（小店段）景观绿化设计方案

太原环城高速太谷连接线景观绿化总平面图

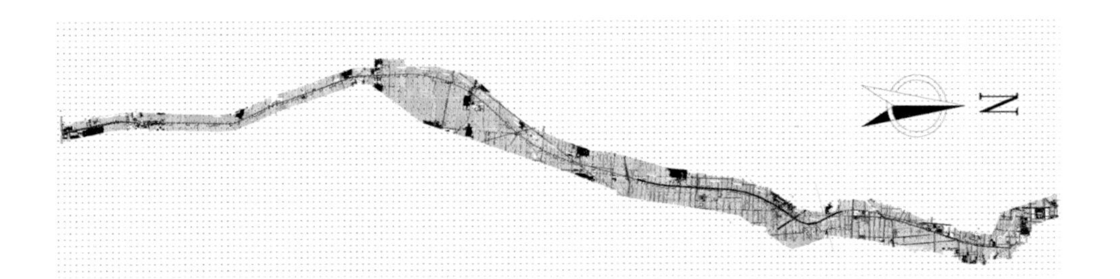

太原环城高速太谷连接线（小店段）景观绿化设计方案

现状分析图

太原环城高速太谷连接线（小店段）景观绿化设计方案

化章街——14号线标准段方案一效果图

太原环城高速太谷连接线（小店段）景观绿化设计方案

化章街——14号线方案一植物种植剖面图

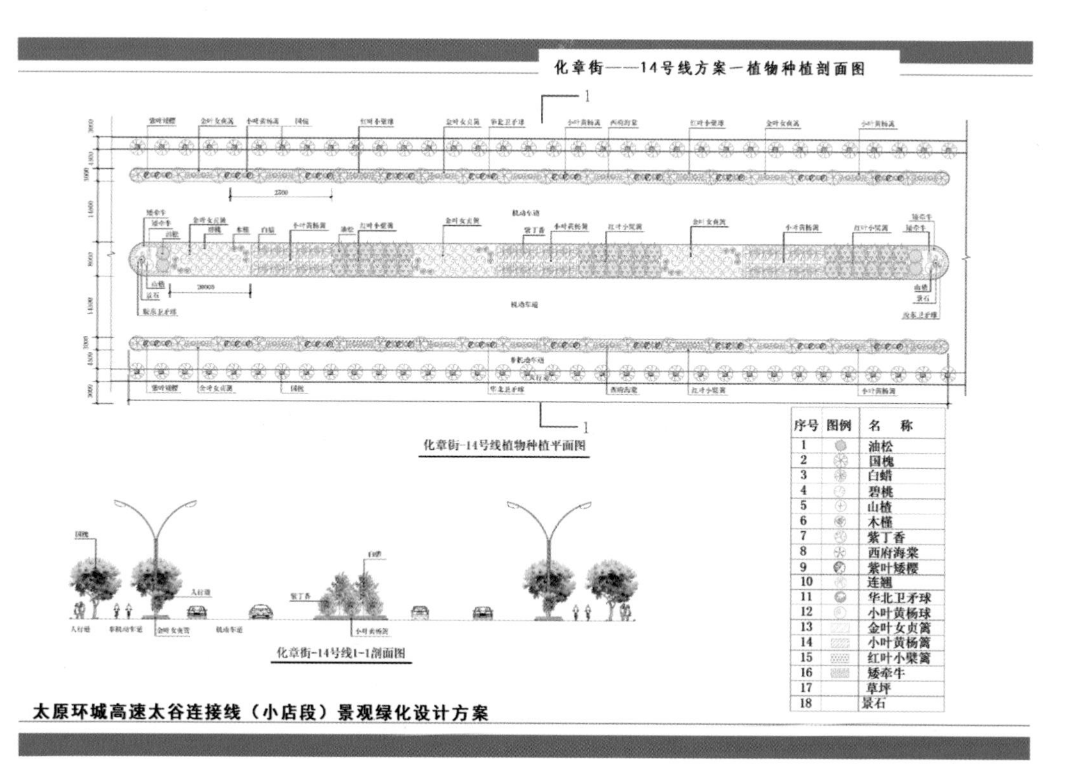

化章街-14号线植物种植平面图

化章街-14号线1-1剖面图

序号	图例	名　称
1		油松
2		国槐
3		白蜡
4		碧桃
5		山楂
6		木槿
7		紫丁香
8		西府海棠
9		紫叶矮樱
10		连翘
11		华北卫矛球
12		小叶黄杨球
13		金叶女贞篱
14		小叶黄杨篱
15		红叶小檗篱
16		矮牵牛
17		草坪
18		景石

太原环城高速太谷连接线（小店段）景观绿化设计方案

化章街——14号线标准段方案二效果图

太原环城高速太谷连接线（小店段）景观绿化设计方案

化章街——14号线方案二植物种植剖面图

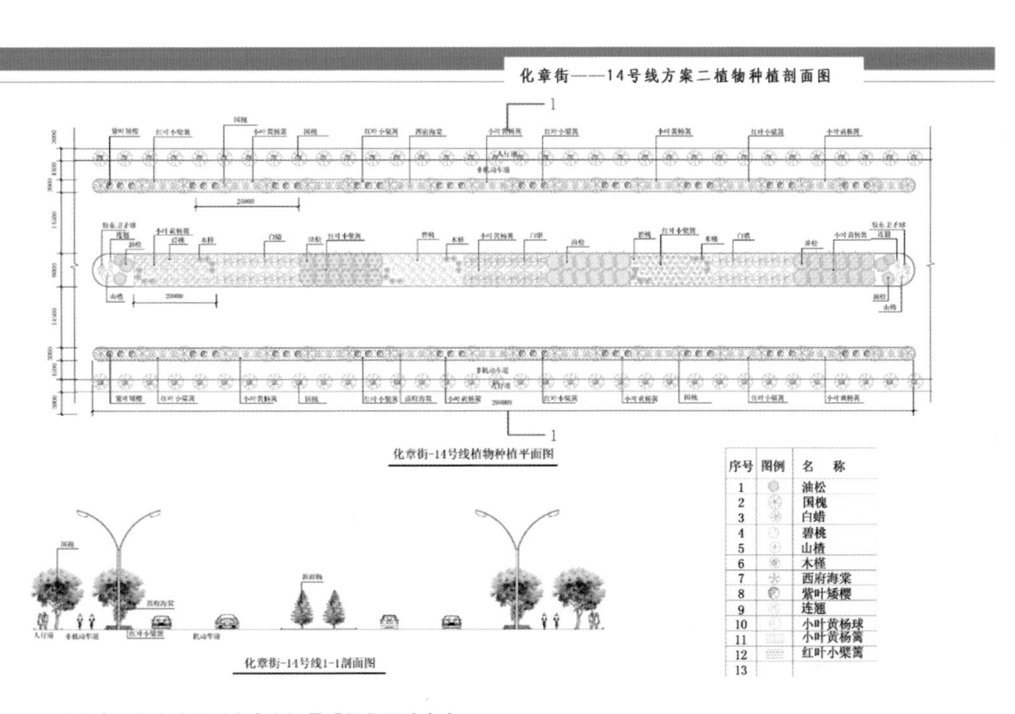

序号	图例	名　称
1		油松
2		国槐
3		白蜡
4		碧桃
5		山楂
6		木槿
7		西府海棠
8		紫叶矮樱
9		连翘
10		小叶黄杨球
11		小叶黄杨篱
12		红叶小檗篱
13		

太原环城高速太谷连接线（小店段）景观绿化设计方案

化章街——14号线标准段方案三效果图

太原环城高速太谷连接线（小店段）景观绿化设计方案

化章街——14号线方案三植物种植剖面图

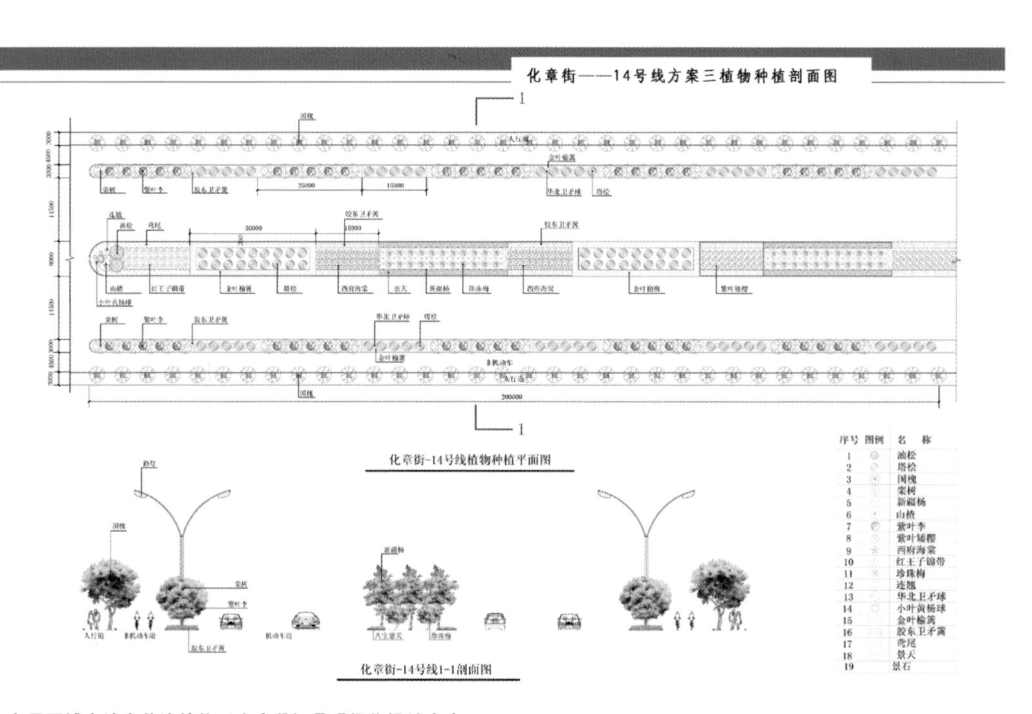

太原环城高速太谷连接线（小店段）景观绿化设计方案

14号线——太中银铁路线标准段方案一效果图

太原环城高速太谷连接线（小店段）景观绿化设计方案

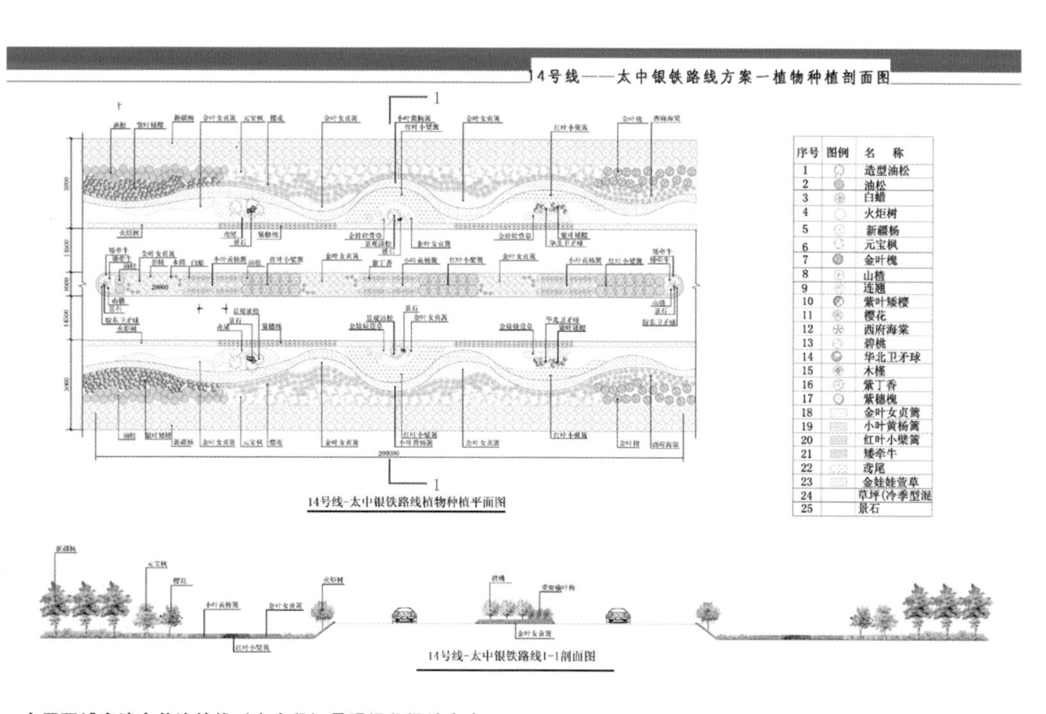

序号	图例	名　称
1		造型油松
2		油松
3		白蜡
4		火炬树
5		新疆杨
6		元宝枫
7		金叶槐
8		山楂
9		连翘
10		紫叶矮樱
11		樱花
12		西府海棠
13		碧桃
14		华北卫矛球
15		木槿
16		紫丁香
17		紫穗槐
18		金叶女贞篱
19		小叶黄杨篱
20		红叶小檗篱
21		矮牵牛
22		鸢尾
23		金娃娃萱草
24		草坪(冷季型混
25		景石

14号线——太中银铁路线标准段方案二效果图

太原环城高速太谷连接线（小店段）景观绿化设计方案

14号线——太中银铁路线方案二植物种植剖面图

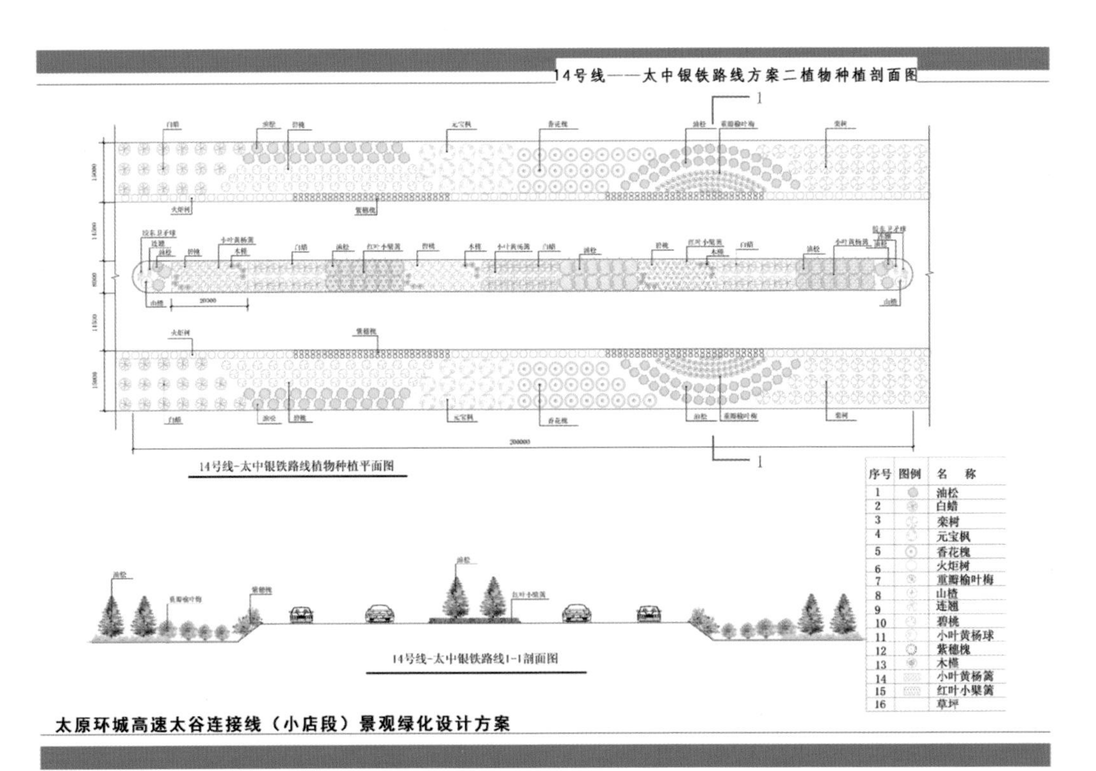

太原环城高速太谷连接线（小店段）景观绿化设计方案

14号线——太中银铁路线标准段方案三效果图

太原环城高速太谷连接线（小店段）景观绿化设计方案

14号线——太中银铁路线方案三植物种植剖面图

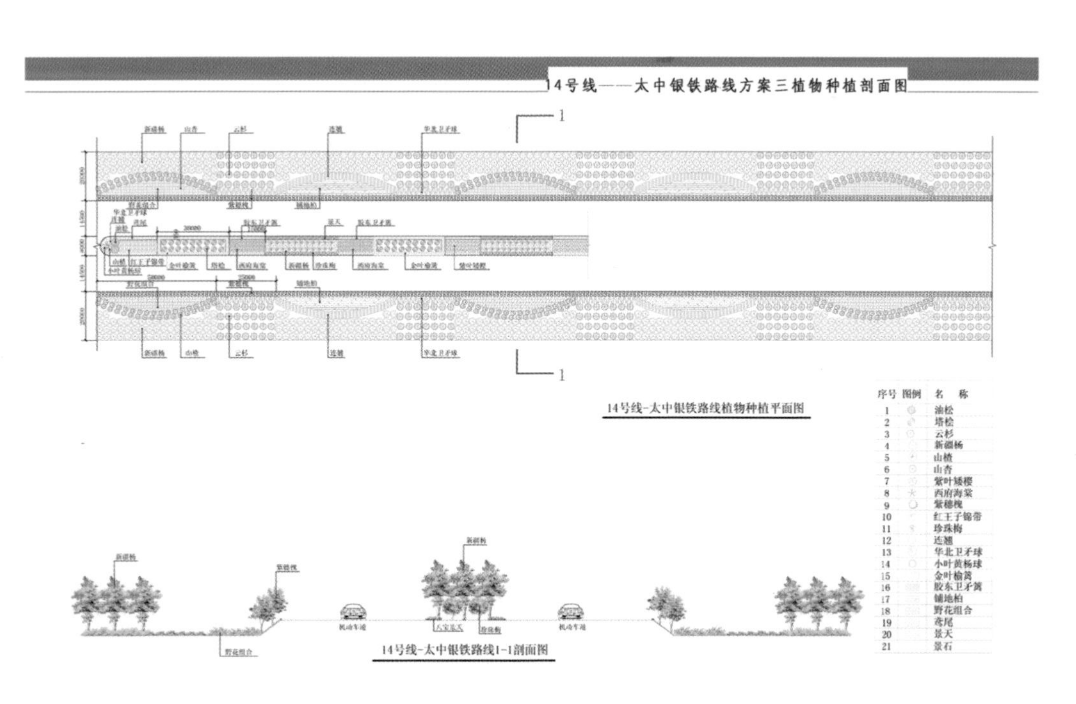

太原环城高速太谷连接线（小店段）景观绿化设计方案

太中银铁路线——小店区地界标准段方案一效果图

太原环城高速太谷连接线（小店段）景观绿化设计方案

太中银铁路线——小店区地界方案一植物种植剖面图

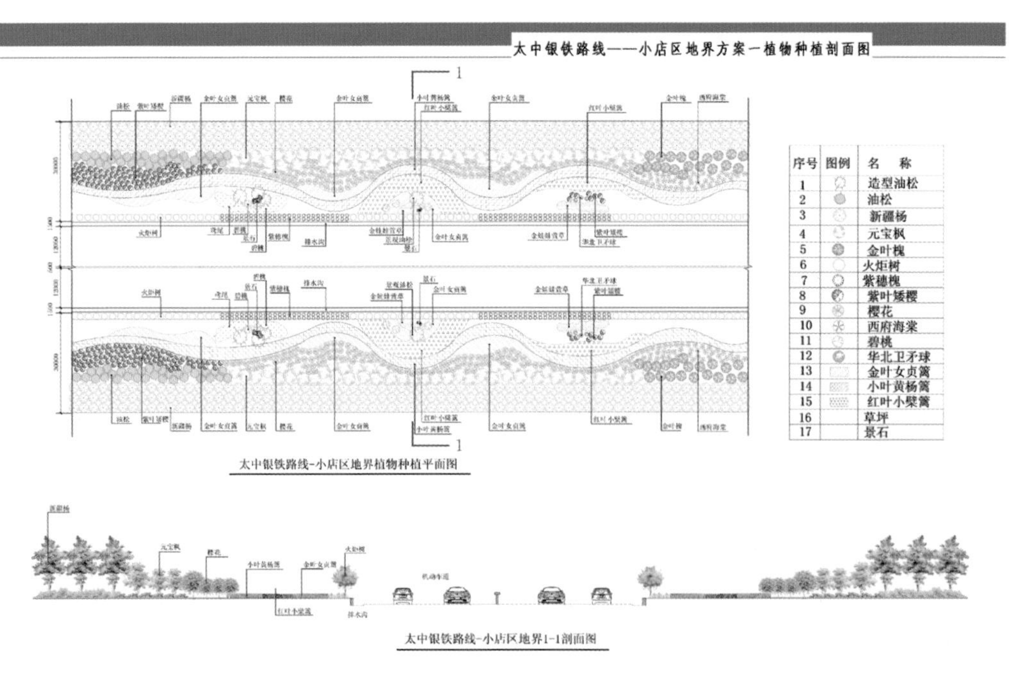

序号	图例	名　称
1		造型油松
2		油松
3		新疆杨
4		元宝枫
5		金叶槐
6		火炬树
7		紫穗槐
8		紫叶矮樱
9		樱花
10		西府海棠
11		碧桃
12		华北卫矛球
13		金叶女贞篱
14		小叶黄杨篱
15		红叶小檗篱
16		草坪
17		景石

太中银铁路线-小店区地界植物种植平面图

太中银铁路线-小店区地界1-1剖面图

太原环城高速太谷连接线（小店段）景观绿化设计方案

太中银铁路线——小店区地界标准段方案二效果图

太原环城高速太谷连接线（小店段）景观绿化设计方案

太中银铁路线——小店区地界方案二植物种植剖面图

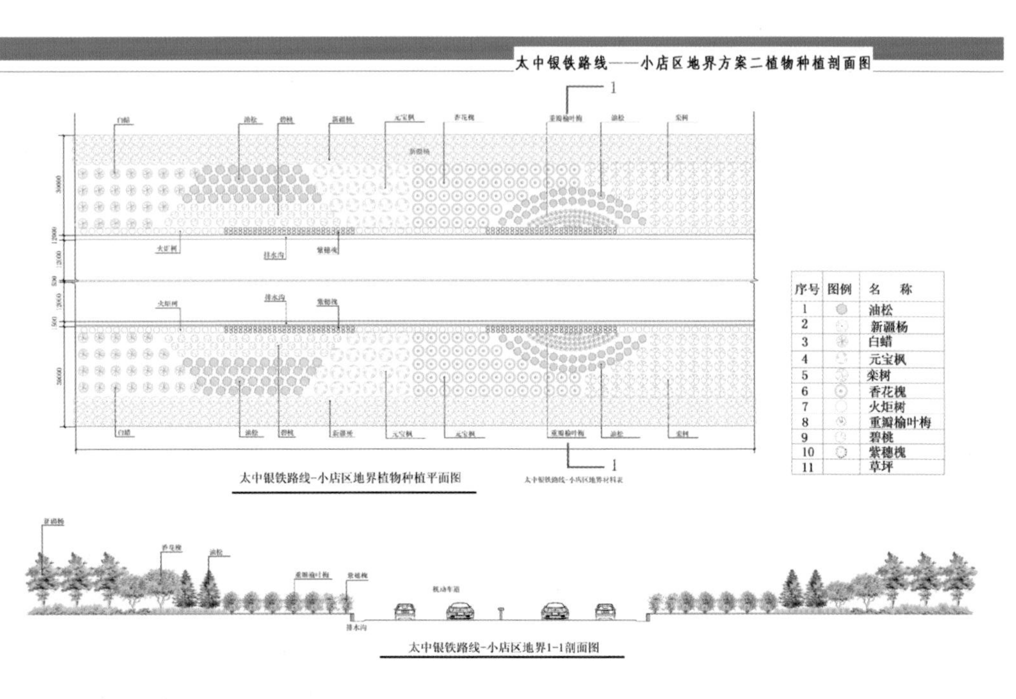

序号	图例	名　　称
1		油松
2		新疆杨
3		白蜡
4		元宝枫
5		栾树
6		香花槐
7		火炬树
8		重瓣榆叶梅
9		碧桃
10		紫穗槐
11		草坪

太中银铁路线-小店区地界植物种植平面图

太中银铁路线-小店区地界1-1剖面图

太原环城高速太谷连接线（小店段）景观绿化设计方案

太中银铁路线——小店区地界标准段方案三效果图

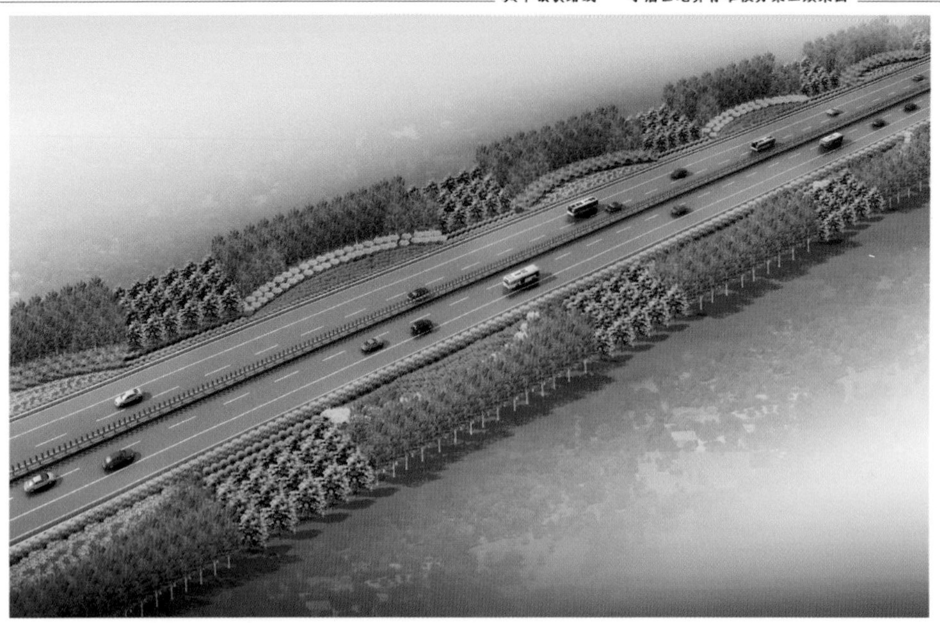

太原环城高速太谷连接线（小店段）景观绿化设计方案

太中银铁路线——小店区地界方案三植物种植剖面图

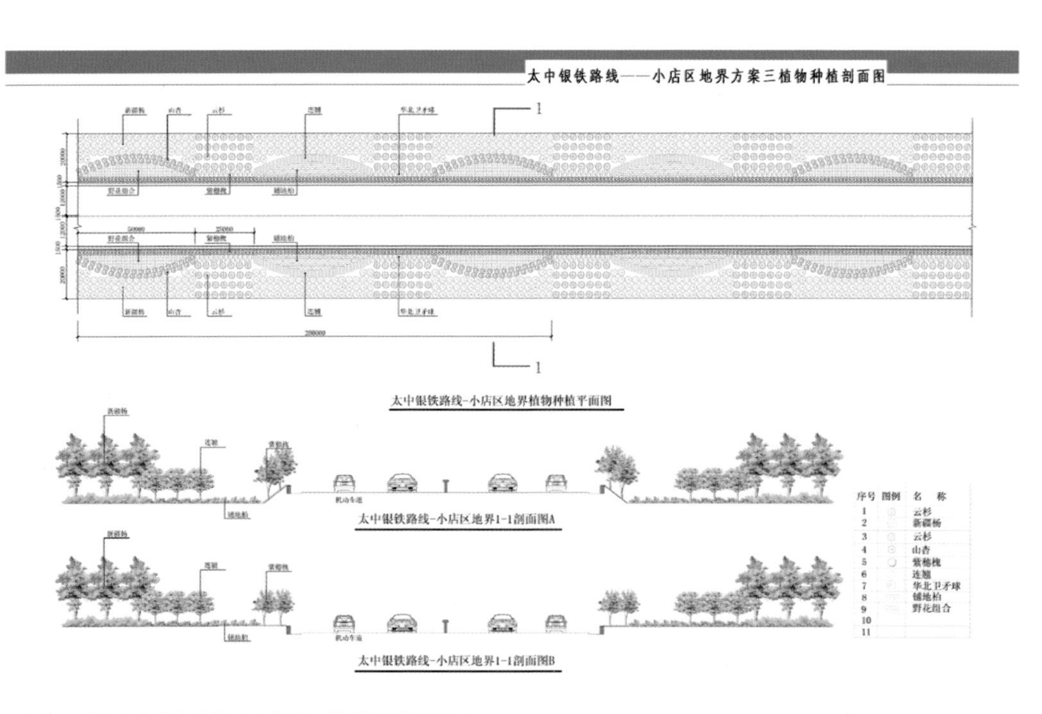

太原环城高速太谷连接线（小店段）景观绿化设计方案

十字路口标准段方案一效果图

太原环城高速太谷连接线（小店段）景观绿化设计方案

十字路口方案一植物种植剖面图

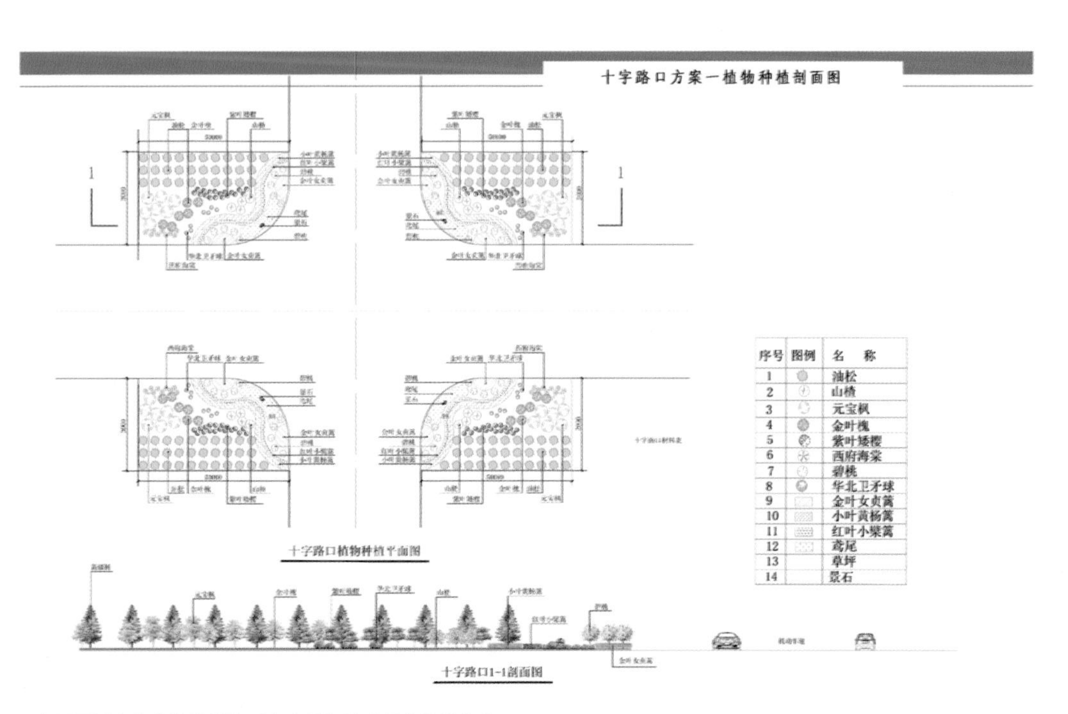

太原环城高速太谷连接线（小店段）景观绿化设计方案

十字路口标准段方案二效果图

太原环城高速太谷连接线（小店段）景观绿化设计方案

十字路口方案二植物种植剖面图

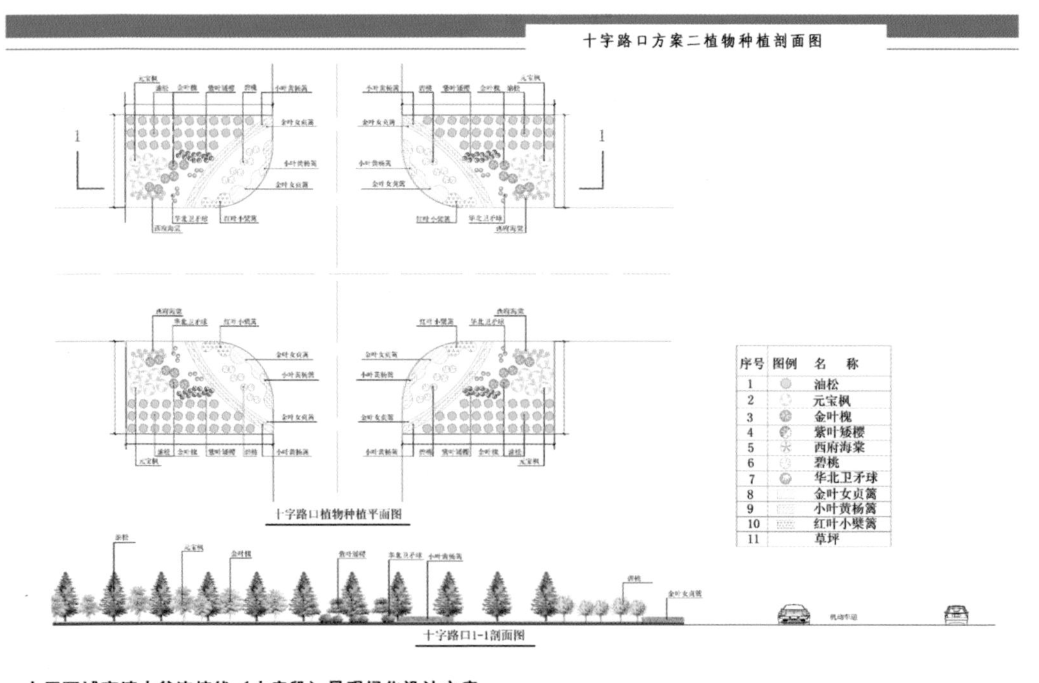

序号	图例	名　称
1		油松
2		元宝枫
3		金叶槐
4		紫叶矮樱
5		西府海棠
6		碧桃
7		华北卫矛球
8		金叶女贞篱
9		小叶黄杨篱
10		红叶小檗篱
11		草坪

太原环城高速太谷连接线（小店段）景观绿化设计方案

太长高速框架桥西侧绿化方案一效果图

太原环城高速太谷连接线（小店段）景观绿化设计方案

太长高速框架桥西侧方案一植物种植平面图

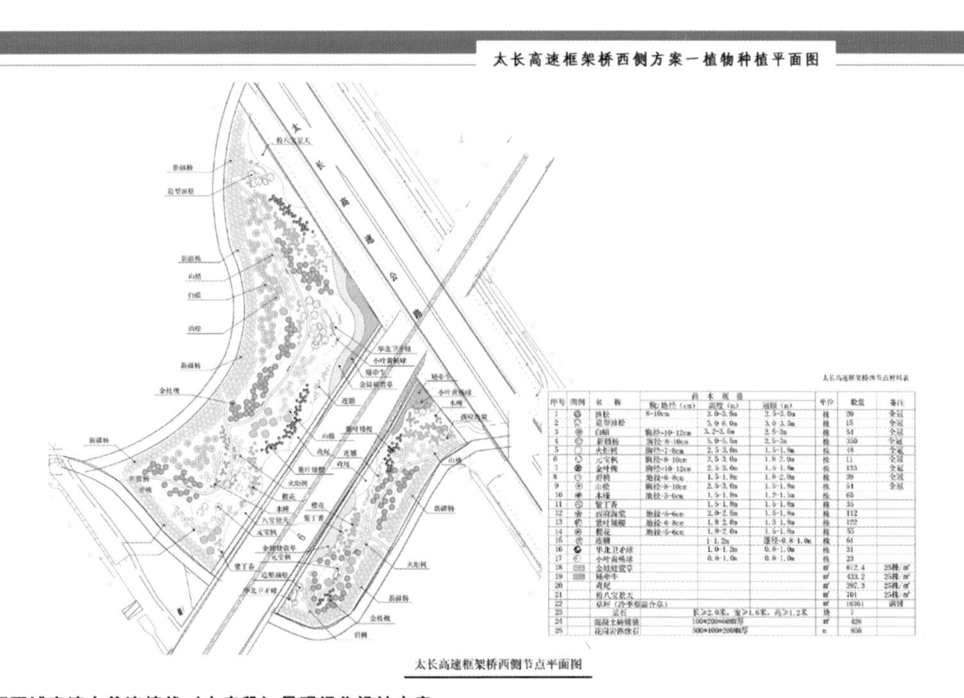

太长高速框架桥西侧节点材料表

序号	图例	名称	苗木规格			单位	数量	备注
			胸/地径（cm）	高度（m）	冠幅（m）			
1		油松	8-10cm	3.0-3.5m	2.5-3.0m	株	20	全冠
2		造型油松		5.0-6.0m	3.0-3.5m	株	15	全冠
3		白蜡	胸径=10-12cm	3.2-3.5m	2.5-3m	株	54	全冠
4		新疆杨	胸径=8-10cm	5.0-5.5m	2.5-3m	株	350	全冠
5		火炬树	胸径=7-8cm	2.5-3.0m	1.5-1.8m	株	48	全冠
6		元宝枫	胸径=8-10cm	2.5-3.0m	1.8-2.0m	株	11	全冠
7		金叶槐	胸径=10-12cm	2.5-3.0m	1.5-1.8m	株	133	全冠
8		碧桃	地径=6-8cm	1.5-1.8m	1.8-2.0m	株	39	全冠
9		山桃	胸径=8-10cm	2.5-3.0m	1.5-1.8m	株	51	全冠
10		木槿	地径=5-6cm	1.5-1.8m	1.2-1.5m	株	65	
11		紫丁香		1.5-1.8m	1.5-1.8m	株	35	
12		西府海棠	地径=5-6cm	2.0-2.5m	1.5-1.8m	株	112	
13		紫叶矮樱	地径=6-8cm	1.8-2.0m	1.5-1.8m	株	122	
14		樱花	地径=5-6cm	1.8-2.0m	1.5-1.8m	株	55	
15		连翘		1-1.2m	蓬径=0.8-1.0m	株	61	
16		华北卫矛球		1.0-1.2m	0.8-1.0m	株	31	
17		小叶黄杨球		0.8-1.0m	0.8-1.0m	株	23	
18		金娃娃萱草				㎡	612.4	25株/㎡
19		矮牵牛				㎡	433.2	25株/㎡
20		鸢尾				㎡	297.3	25株/㎡
21		粉八宝景天				㎡	701	25株/㎡
22		草坪（冷季型混合草）				㎡	(16361)	满铺
23		置石	长≥2.0米，宽≥1.6米，高≥1.2米			块	7	
24		混凝土砖铺装	100*200*60mm厚			㎡	428	
25		花岗岩路缘石	500*100*200mm厚			m	856	

太长高速框架桥西侧节点平面图

太原环城高速太谷连接线（小店段）景观绿化设计方案

太长高速框架桥西侧绿化方案二效果图

太原环城高速太谷连接线（小店段）景观绿化设计方案

太长高速框架桥西侧方案二植物种植平面图

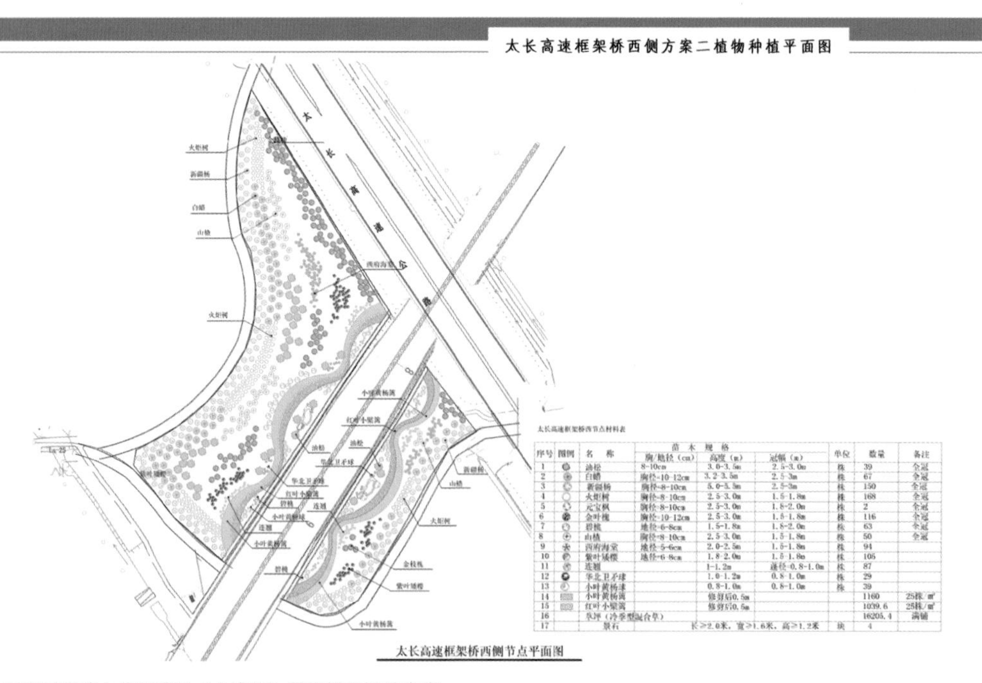

太长高速框架桥西节点材料表

序号	图例	名　称	苗木规格 胸/地径（cm）	高度（m）	冠幅（m）	单位	数量	备注
1		油松	8-10cm	3.0-3.5m	2.5-3.0m	株	39	全冠
2		白蜡	胸径-10-12cm	3.2-3.5m	2.5-3m	株	67	全冠
3		新疆杨	胸径-8-10cm	5.0-5.5m	2.5-3m	株	150	全冠
4		火炬树	胸径-8-10cm	2.5-3.0m	1.5-1.8m	株	168	全冠
5		元宝枫	胸径-8-10cm	2.5-3.0m	1.8-2.0m	株	2	全冠
6		金叶槐	胸径-10-12cm	2.5-3.0m	1.5-1.8m	株	116	全冠
7		碧桃	地径-6-8cm	1.5-1.8m	1.8-2.0m	株	63	全冠
8		山桃	胸径-8-10cm	2.5-3.0m	1.5-1.8m	株	50	全冠
9		西府海棠	地径-5-6cm	2.0-2.5m	1.5-1.8m	株	94	
10		紫叶矮樱	地径-6-8cm	1.8-2.0m	1.5-1.8m	株	105	
11		连翘		1-1.2m	蓬径-0.8-1.0m	株	87	
12		华北卫矛球		1.0-1.2m	0.8-1.0m	株	29	
13		小叶黄杨球		0.8-1.0m	0.8-1.0m	株	39	
14		小叶黄杨篱		修剪后0.5m			1160	25株/㎡
15		红叶小檗篱		修剪后0.5m			1039.6	25株/㎡
16		草坪（冷季型混合草）					16205.4	满铺
17		景石	长≥2.0米，宽≥1.6米，高≥1.2米			块	4	

太长高速框架桥西侧节点平面图

太原环城高速太谷连接线（小店段）景观绿化设计方案

市政道路和公路家具小品意向图

城市街道家具与小品是城市基础设施及市际公路的重要组成部分。设计应遵循功能与形式相结合的原则。尊重地方特色，市政道路段街道家具在选材、用色和造型上力求做到简约、大方，同时要取得整体协调。

1. 座椅
金属或木质感，色彩以浅灰色调或木色为主，造型简约、现代、舒适。
2. 路灯
建议选用金属质地，随时间流逝而增加历史感，色彩建议选用青灰色或深棕色，与建筑和环境形成协调，造型朴实而富有现代感。

3. 垃圾桶
选用金属或木质感，色彩建议深色调，造型简单，与周围环境协调，体现垃圾分类环保概念。
4. 街景小品
主要采用景石，简洁大方。

太原环城高速太谷连接线（小店段）景观绿化设计方案

植物种植意向图

景观油松　国槐　白蜡　新疆杨　元宝枫　火炬树

碧桃　木槿　山楂树　紫叶矮樱　金叶槐

紫穗槐（花）　紫穗槐　重瓣榆叶梅　紫丁香（花）　紫丁香

太原环城高速太谷连接线（小店段）景观绿化设计方案

知识储备

1. 城市道路绿地方案设计原则有哪些？
2. 行道树种植设计的内容有哪些？
3. 道路绿化带设计的内容有哪些？
4. 交叉路口、交通岛绿化设计的内容有哪些？
5. 立交桥绿化设计的内容有哪些？
6. 花园式林荫道绿化设计的内容有哪些？
7. 高速公路绿化设计的内容有哪些？

任务实施

1. 抄绘道路绿地设计平、立、剖面图，并用彩铅着色。
2. 设计标准段道路绿地，徒手绘制出平、立、剖面图，并用彩铅着色。
3. 制作道路绿地的模型。
4. 用计算机进行道路绿地的彩色平面效果图制作。
5. 用计算机进行道路绿地鸟瞰效果图与局部效果表现图的绘制。

任务二　城市广场绿地方案设计

学习目标

- 会正确应用国家制图的标准；
- 能理解城市广场绿地设计主题的构思与确定；
- 会进行城市广场绿地基本形式的设计；
- 会城市广场绿地的模型制作与渲染；
- 能进行城市广场绿地的彩色平面效果图制作；
- 能进行城市广场绿地鸟瞰效果图与局部效果表现。

建议学时：12 学时

学习活动 1　城市广场绿地项目准备

学习目标

1. 了解规划区域的现状资料及文化资料；
2. 了解国家制图的标准；
3. 了解规划区域的分区及表现技法；
4. 会正确应用国家制图的标准。

情景描述

在做城市广场绿地方案设计时，设计者应先进行基地调查，熟悉物质环境、社会文化环境和视觉环境，然后对所有与设计有关的内容进行概括和分析，最后拿出合理的方案，完成设计。因此，在城市广场绿地项目准备活动中，要求：根据任务书的内容进行基地调查，收集与基地有关的资料，补充并完善不完整的内容，对整个路段及周围环境进行综合分析。结果用图片、表格或图解的方式表示。可以拍成照片或徒手线条勾绘，图面应简洁、醒目、说明问题。

知识链接

现代城市广场是现代城市开放空间体系中最具公共性、最具艺术性、最具活力、最能体现都市文化和文明的开放空间。它是大众群体聚集的大型场所，也是现代都市人们进行户外活动的重要场所。

我国城市广场发展相对滞后，在我国现行“城市用地分类与规划建设用地标准”中，把广场与道路并列计入道路广场用地，而根据国家有关规定把绿地占有量大于50%的城市广场列入城市绿地用地类型。

近10年来，随着经济迅速发展和社会不断进步，人们更加迫切的需要外部空间，我国现代城市广场建设热潮正是在这种大背景下产生的。但是做好一个城市广场并非易事，可谓“有法无式”（如图2-1所示）。

图2-1　现代城市广场

一、城市广场发展概述与相关概念

现代城市广场与城市公园一样是现代城市开放空间体系中的“闪光点”。它具有主题明确、功能综合、空间多样等诸多特点，备受现代都市人青睐。但其产生和发展却经历了漫长的历程。

1.城市广场发展概述

城市广场发展已有数千年的历史。从西方看，古希腊时期出现了真正意义上的城市广场，由于古希腊温和的气候条件和浓郁的政治民主气氛，人们喜欢在户外活动，不太注重室内空间，促成了室外社区交往空间的产生。

早期主要是商品交换的市场口，同时信息和意见的交流与货物的交换有着同等重要的作用。随着时间的推移，市场的功能越来越综合多样，有司法、行政、商业、生产、宗教、文娱、社交等等，形态也由杂乱、不规则逐渐趋于统一完整，成为城市中最重要、最富活力的因素。

古罗马的广场使用功能有了进一步的扩大。除了原先的集会、市场职能外，还包括审判、庆祝、竞技等。著名实例有罗马罗曼努姆广场、恺撒广场、奥古斯都广场和图拉真广场。有趣的是，这些广场互相组织在一起，成为一个广场群，即使用今天的眼光看，这也算得上是典型的城市广场设计与城市设计案例。

中世纪的意大利城市广场已经成为意大利城市空间中的“心脏”。几乎每一座意大利城市都拥有匀称得体、充满魅力的广场，有学者认为，“如果离开了广场，意大利城市就不复存在了”。从功能上讲，意大利广场主要分为市政、商业、宗教以及综合性等类型。

中国古代真正意义上的城市广场相对比较缺乏。中国从奴隶社会发展到封建社会，远早于欧洲，这个时期的广场大致可分为两大类型：一类是院落空间发展而成的广场。这类广场平面布局手法充分体现了中国传统建筑类型不重对称轴线的特征，以住宅院落扩大到大型宫殿建筑群，还扩大到整个城市布局。如清代天安门广场。

另一类是结合交通、贸易、宗教活动功能的传统城镇空地。这类广场尺度适当，有利于市民步行活动，较接近城市广场的基本意义。被称为"山顶一条船"的四川罗城梭形广场便是一例。

中国传统广场尽管在结合地形、空间围合以及象征意义等方面积累了一些有益的经验，也有成功的城市空间设计，但就城市公共生活空间的核心——广场而言，与西方相比，中国的广场文化和思想观念是相对滞后的。

2. 城市广场的定义

自古以来，城市广场的概念也是不断发展的。现代城市广场的定义与传统城市广场的定义相比，内容更加丰富，内涵更加深刻，而且正在迅速发展，所以对其进行定义是很困难的。

《城市规划原理》主要从功能出发，把城市广场定义为："广场是由于城市功能上的要求而设置的，是供人们活动的空间。城市广场通常是城市居民社会活动的中心，广场上可组织集会、供交通集散、组织居民游览休息、组织商业贸易的交流等"。

《中国大百科全书》(建筑·园林·城市规划卷)一书中，主要从广场的场所内容出发，把城市广场定义为："城市中由建筑、道路或绿化地带围绕而成的开敞空间，是城市公众社区生活的中心。广场又是集中反映城市历史文化和艺术面貌的建筑空间"。这显然比过去全面了一些。

现代城市广场的定义是随着人们需求和文明程度的发展而变化的。今天我们面对的现代城市广场应该是："以城市历史文化为背景，以城市道路为纽带，由建筑、道路、植物、水体、地形等围合而成的城市开敞空间，是经过艺术加工的多景观、多效益的城市社会生活场所"。

二、现代城市广场的类型及特点

1. 现代城市广场的类型

(1)市政广场

市政广场一般位于城市中心位置，通常是市政府城市行政区中心、老行政区中心和旧行政厅所在地（如图2-2所示）。

(2)纪念广场

城市纪念广场题材非常广泛，涉及面很广，可以是纪念人物，也可以是纪念事件。通常广场中心或轴线以纪念雕塑(或雕像)、纪念碑(或柱)、纪念建筑或其他形式纪念物为标志，主体标志物应位于整个广场构图的中心(如图2-3所示)。

纪念广场的大小没有严格限制，只要能达到纪念效果即可。因为通常要容纳众人举行缅怀纪念活动，所以应考虑广场中具有相对完整的硬质铺装地，而且与主要纪念标志物(或纪念对象)保持良好视线关系。

纪念广场的选址应远离商业区、娱乐区，以免对广场造成干扰，突出严肃的文化内涵和纪念主题。宁静和谐的环境气氛会使广场的纪念效果大大增强。由于纪念广场一般保存时间很长，所以纪念广场的选址和设计都应紧密结合城市总体规划统一考虑。

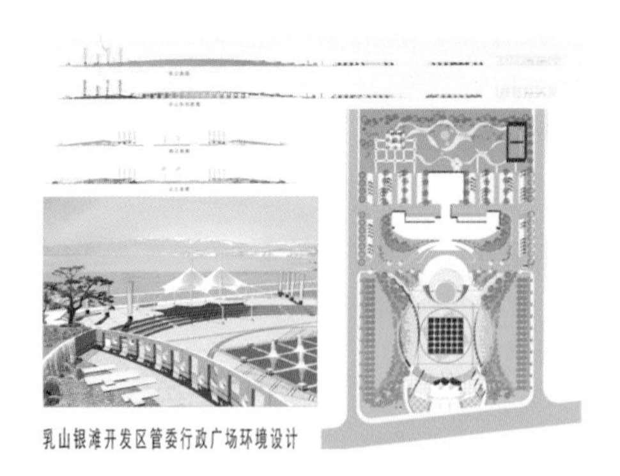

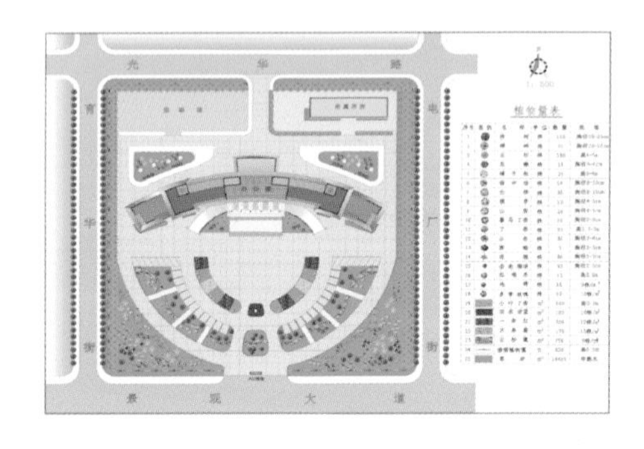

图 2-2　市政广场

图 2-3　纪念广场——唐山地震纪念碑

(3)交通广场

交通广场主要目的是有效地组织城市交通，包括人流、车流等，是城市交通体系中的有机组成部分。通常分两类：一类是城市内外交通会合处，主要起交通转换作用，如火车站、长途汽车站前广场(即站前交通广场)；另一类是城市干道交叉口处交通广场(即环岛交通广场)。

站前交通广场是城市对外交通或者是城市区域间交通转换地，广场的规模与转换交通量有关，包括机动车、非机动车、人流量等，广场要有足够的行车面积、停车面积和行人场地。

对外交通的站前交通广场往往是一个城市的入口，其位置一般比较重要，很可能是一个城市或城市区域的轴线端点，所以常常是城市景观的重要载体。

环岛交通广场地处道路交汇处，尤其是四条以上的道路交汇处，以圆形居多，三条道路交汇处常常呈三角形（顶端抹角）。环岛交通广场的位置重要，通常处于城市的轴线上，是城市景观、城市风貌的重要组成部分，形成城市道路的对景之处。一般以绿化为主，应有利于交通组织和司乘人员的动态观赏，同时广场上往往还设有城市标志性建筑或小品（喷泉、雕塑等），如西安市钟楼是环岛交通广场上的重要标志性建筑（如图 2-4 所示）。

图 2-4　交通广场——西安市钟楼

（4）休闲广场

休闲广场是供市民休息、娱乐、游玩、交流等活动的重要场所，其位置常常选择在人口较密集的地方；以方便市民使用为目的，如街道旁、市中心区、商业区，甚至居住区内。休闲广场的布局不像市政广场和纪念广场那样严肃，往往灵活多变，空间自由多样，但一般与环境结合很紧密。广场的规模可大可小，无一定限定。

休闲广场以让人轻松愉快为目的，因此广场尺度、空间形态、环境小品、绿化、休闲设施等都应符合人的行为规律和人体尺度要求。

（5）文化广场

文化广场应有明确的主题，与休闲广场无需主题正好相反，它是为了展示城市深厚的文化积淀和悠久历史，以多种形式在广场上集中地表现出来。文化广场可以说是城市室外文化展览馆，一个好的文化广场应让人们在休闲中了解该城市的文化渊源，从而达到热爱城市、激发上进精神的目的（如图 2-5 所示）。

（6）古迹（古建筑等）广场

古迹广场是结合该城市的遗存古迹保护和利用而设的城市广场，生动地代表了一个城市的古老文明程度。

图 2-5　文化广场

可根据古迹的体量高矮，结合城市改造和城市规划要求来确定其面积大小。我国著名古城西安、南京等城市的古城门广场正是此类古迹广场的成功案例。

(7)宗教广场

我国是一个信仰自由的国家，许多城市中还保留着宗教建筑群。一般宗教建筑群内部皆设有适合该教活动和表现该教之意的内部广场。而在宗教建筑群外部，尤其是入口处一般都设置了供信徒和游客集散、交流、休息的广场空间，同时也是城市开放空间的一个组成部分。

其规划设计首先应结合城市景观环境整体布局，不应喧宾夺主。宗教广场设计应该以满足宗教活动为主，尤其要表现出宗教文化氛围和宗教建筑美，广场上的小品以宗教相关的饰物为主。

(8)商业广场

商业功能可以说是城市广场最古老的功能，商业广场也是城市广场最古老的类型。商业广场的形态空间和规划布局没有固定的模式可言，它总是根据城市道路、人流、物流、建筑环境等因素进行设计，可谓“有法无式”、“随形就势”。

但是商业广场必须与其环境协调、功能相符、交通组织合理，同时商业广场应充分考虑人们购物休闲的需要。例如交往空间的创造、休息设施的安排和适当的绿化等。

2. 现代城市广场的基本特点

现代城市广场不仅丰富了市民的社会文化生活，改善了城市环境，带来了多种效益，同时也折射出当代特有的城市广场文化现象，成为城市精神文明的窗口。在现代社会背景下，现代城市广场面对现代人的需求，表现出以下基本特点：

(1)性质上的公共性

现代城市广场作为现代城市户外公共活动空间系统中的一个重要组成部分，首先应具有公共性的特点。随着工作、生活节奏的加快，传统封闭的文化习俗逐渐被现代文明开放的精神所代替，人们越来越喜欢丰富多彩的户外活动。在广场活动的人们不论其身份、年龄、性别有何差异，都具有平等的游憩和交往氛围。现代城市广场要求有方便的对外交通，这正是满足公共性特点的具体表现。

(2)功能上的综合性

功能上的综合性特点表现在人群的多种活动需求,它是广场产生活力的最原始动力,也是广场在城市公共空间中最具魅力的原因所在。

现代城市广场应满足的是现代人多种户外活动的功能要求。年轻人聚会、老人晨练、歌舞表演、综艺活动、休闲购物等等,都是过去以单一功能为主的专用广场所无法满足的,取而代之的必然是能满足不同年龄、性别的各种人群(包括残疾人)的多种功能需要,具有综合功能的现代城市广场。

(3)空间场所上的多样性

现代城市广场功能上的综合性,必然要求其内部空间场所具有多样性特点,以达到不同功能实现的目的。如歌舞表演需要有相对完整的空间,给表演者的"舞台"或下沉或升高;情人约会需要有相对郁闭私密的空间;儿童游戏需要有相对开敞独立的空间等等,综合性功能如果没有多样性的空间创造与之相匹配,是无法实现的。

(4)文化休闲性

现代城市广场作为城市的"客厅",是反映现代城市居民生活方式的"窗口",注重舒适、追求放松是人们对现代城市广场的普遍要求,从而表现出休闲性特点。广场上精美的铺地、舒适的座椅、精巧的建筑小品加上丰富的绿化,让人徜徉其间流连忘返,忘却了工作和生活中的烦恼,尽情地欣赏美景、享受生活。

1. 城市广场的类型有哪些?

2. 各类型城市广场的特点有哪些?

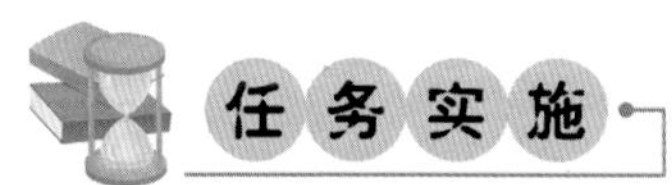

1. 设计人员首先应该充分了解设计委托方的具体要求,有哪些愿望,对设计所要求的造价和时间期限等内容。从中确定哪些值得深入细致地调查和分析,哪些只要做一般的了解。

2. 根据任务书的内容进行基地调查,弄清与掌握城市广场的等级、性质、功能、周围环境,以及投资能力基本来源、施工、养护技术水平等,然后综合研究,将总体与局部结合起来,做出切实、经济、合理的设计方案。

3. 调查结果用图片、表格或图解的方式表示。

学习活动 2　城市广场绿地方案设计

1. 能理解城市广场绿地设计主题的构思与确定;

2. 会进行城市广场绿地基本形式的设计;

3. 能进行行道树绿带种植设计；

4. 能进行分车绿带绿化设计。

在对城市广场绿地现状调查分析后，应该在方案设计之前先做出整个城市广场的用地规划或布置，保证功能合理，尽量利用基地条件，使得各项内容各得其所，然后再分区块进行各局部景点的方案设计。因此，在城市广场绿地方案设计中，要求：根据基地调查和分析得出的结果进行城市广场绿地方案设计。形成方案构思图、平立剖面图、详图、局部效果图、方案鸟瞰图等。

知识链接

一、现代城市广场规划设计的基本原则

1. 系统性原则

现代城市广场是城市开放空间体系中的重要节点。它与小尺度的庭园空间、狭长线型的街道空间及联系自然的绿地空间共同组成了城市开放空间系统。

2. 完整性原则

功能的完整性是指一个广场应有其相对明确的功能。在这个基础上，辅之以相配合的次要功能，做到主次分明、重点突出，特别是不将一般的市民广场同交通为主的广场混淆在一起。

3. 尺度适配原则

尺度适配原则是根据广场不同使用功能和主题要求，确定广场合适的规模和尺度。如政治性广场和一般的市民广场尺度上就应有较大区别，从国内外城市广场来看，政治性广场的规模与尺度较大，形态较规整；而市民广场规模与尺度较小，形态较灵活。

广场空间的尺度对人的心理、行为等都有很大影响。据专家研究，如果两个人处于1～2m的距离，可以产生亲切的感觉；两人相距12m，就能看清对方的面部表情；相距25m，能认清对方是谁；相距130m，仍能辨认对方身体的姿态；所以空间距离愈短亲切感愈加强，距离愈长愈疏远。

4. 生态性原则

广场是整个城市开放空间体系中的一部分，它与城市整体生态环境联系紧密。一方面，其规划的绿地中花草树木应与当地特定的生态条件和景观特点相吻合；另一方面，广场设计要充分考虑本身的生态合理性，如阳光、植物、风向和水面等，做到趋利避害。

城市广场设计应特别强调其小环境生态的合理性，既要有充足的阳光，又要有足够的绿化，冬暖夏凉，为居民的各种活动创造宜人的生态环境。

5. 多样性原则

当代城市广场虽应有一定的主导功能，却可以具有多样化的空间表现形式和特点。由于广场是人们共享城市文明的舞台，它既反映作为群体的人的需要，也要综合兼顾特殊人群，如残疾人的使用要求。同时，服务于广场的设施和建筑功能亦应多样化，纪念性、艺术性、娱乐性和休闲性兼容并蓄。

6. 文化性原则

城市广场作为城市开放空间体系中艺术处理的精华，通常是城市历史风貌、文化内涵集中体现的场所。其设计既要尊重传统、延续历史、文脉相承，又要有所创新、有所发展，这就是继承和创新有机结合的文化性原则。

7. 特色性原则

个性特征是通过人的生理和心理感受到的与其他广场不同的内在本质和外部特征。现代城市广场应通过特定的使用功能、场地条件、人文主题及景观艺术处理来塑造出自己的鲜明特色。

广场的特色性不是设计师的凭空创造，更不能套用现成特色广场的模式，而是对广场的功能、地形、环境、人文、区位等方面做全面的分析，不断的提炼，才能创造出与市民生活紧密结合和独具地方、时代特色的现代城市广场。如芜湖市的鸠兹广场根据广场用地的形态与周边环境，考虑到北京路对景和赭山、大镜湖、小镜湖景观视廊，确定以“园”与“弧”为广场平面构图的基本元素，努力创造出一种不对称中见对称、均衡之中不均衡、活泼和谐的广场平面形态。

二、现代城市广场的空间设计

1. 广场的空间形态

在现代城市广场规划设计中，由于处理不同交通方式的需要和科学技术的进步，对上升式广场和下沉式广场给予了越来越多的关注。

上升式广场一般将车行放在较低的层面上，而把人行和非机动车交通放在地上，实现人车分流。

下沉式广场在当代城市建设中应用更多，特别是在一些发达国家。相比上升式广场，下沉式广场不仅能够解决不同交通的分流问题，而且在现代城市喧嚣嘈杂的外部环境中，更容易取得一个安静、安全、围合有致且具有较强归属感的广场空间。

在有些大城市，下沉式广场常常还结合地下街、地铁乃至公交车站的使用，如美国费城市中心广场结合地铁设置，日本名古屋市中心广场更是综合了地铁、商业步行街的使用功能，成为现代城市空间中一个重要组成部分。

2. 广场的空间围合

在广场围合程度方面，我们可以借助格式塔心理学中的“图—底”(Figure and Ground)关系进行分析。一般来说，广场围合程度越高，就越易成为“图形”，中世纪的城市广场大都具有“图形”的特征。但围合并不等于封闭，在现代城市广场设计中，考虑到市民使用和视觉观赏，还需要有一定的开放性，广场围合有以下几种情形：

(1)四面围合的广场

当这种广场规模尺度较小时，封闭性极强，具有强烈的向心性和领域感。

(2)三面围合的广场

封闭感较好，具有一定的方向性和向心性。

(3)两面围合的广场

常常位于大型建筑与道路转角处，平面形态有“L”形和“T”形等。领域感较弱，空间有一定的流动性。

(4)仅一面围合的广场

这类广场封闭性很差,规模较大时可考虑组织二次空间,如局部下沉或局部上升等。

3.广场的空间尺度与界面高度

城市广场空间如同建筑空间一样,可能是封闭的独立性空间,也可能是与其他空间相联系的空间群。一般情况下,当人们体验城市时,往往是由街道到广场的这样一种流线,人们只有从一个空间向另一个空间运动时,才能欣赏它、感受它。

(1)人与物体的距离在25m左右时能产生亲切感,这时可以辨认出建筑细部和人脸的细部,墙面上粗岩面质感消失,这是古典街道的常见尺度。

(2)宏伟的街道和广场空间的最大距离不超过140m。当超过140m时,墙上的沟槽线角消失,透视感变得接近立面。这时巨大的广场和植有树木的狭长空间可以作为一个纪念性建筑的前景。

(3)当围合界面高度等于人与建筑物之间的距离时(1∶1),水平视线与檐口夹角为45°,这时可以产生良好的封闭感。

(4)当建筑(注:指界面)立面高度等于人与建筑物距离的1/2时(1∶2),水平视线与檐口夹角为30°,是创造封闭性空间的极限。

(5)当建筑立面高度等于人与建筑物距离的1/3时(1∶3),水平视线与檐口夹角为18°,这时高于围合界面的后侧建筑成为组织空间的一部分。

(6)当建筑立面高度为人与建筑距离的1/4时(1∶4),水平视线与檐口夹角为14°,这时空间的围合感消失,空间周围的建筑立面如同平面的边缘,起不到围合作用。

许多失败的城市广场都是由于地面太大,周围建筑高度过小,从而造成墙界面与地面的分离,难以形成封闭的空间。事实上,当广场尺度超过某一限度时,广场越大给人的印象越模糊。

4.广场的几何形态与开口

德国学者R.克里尔(Krier)认为:广场空间具有三种基本形态,它们分别是矩形(或方形)、圆形(或椭圆形)和三角形(或梯形)。

一般来说,被建筑完全包围的称作"封闭式",被建筑部分包围的称作"开放式"。"封闭式"广场与"开放式"广场的区别,就是围合界面开口的多少。

R.克里尔曾将广场与道路的交口归纳为四种类型,每种类型中又有多种组合形式和交接形式。

(1)矩形广场与中央开口(阴角空间)

四角封闭的广场一般在广场中心线上有开口,这种处理对设计广场四周的建筑具有限制,一般要求围合建筑物的形式应大体相似,而且常常在中心线的焦点处(即广场中央)安排雕像作为道路的对景。这种形态可称之为向心型。

(2)矩形广场与两侧开口

在现代城市中,网格型的道路网容易形成矩形街区或四角敞开的广场。这种广场的特点是道路产生的缺口将周围的四个界面分开,打破了空间的围合感。此外,贯穿四周的道路还将广场的底界面与四周墙面分开,使广场成为一个中央岛。

(3)隐蔽性开口与渗透性界面

从平面上观察,这类广场与道路的交汇点往往设计得十分隐蔽,开口部分或布置在拱廊之下,或被拱廊式立面所掩盖,只有实地体验方能察觉入口部分的巧妙。

三、现代城市广场绿地规划设计

古典广场一般没有绿化，以硬质景观和建筑为主，而现代广场，无论大小，都要充分考虑绿化问题，体现了现代广场设计对于人和环境的关怀。对这一问题我们也要辩证地看待，广场就是广场，不要搞得像块绿地。有很多广场在设计时提到生态效益、环境效益等等，这些提法实际上值得商榷。

广场是高人流量的开放性的社交空间，它不是用来解决城市的生态和环境问题。

绿化在广场设计中应该处于一个次要和陪衬的地位。如果把草坪作为广场的主体大面积的使用，这样，虽然广场很大，但活动面积有限，大量的人群被局限在几条道路之上，在很大程度上影响了广场多样化活动的正常开展，同时也不利于广场空间的围合，空空荡荡，广而无场。

广场的种植从功能上讲，主要是提供在林荫下的休息环境以及调节视觉、点缀色彩，可以多考虑铺装结合树池以及花坛、花钵等形式，花坛、花钵最好考虑人的休息。

1. 广场绿地规划设计原则

(1)广场绿地布局应与城市广场总体布局统一，成为广场的有机组成部分，更好地发挥其主要功能，符合其主要性质要求。

(2)广场绿地的功能应与广场内各功能区相一致，更好地配合和加强该区功能的实现。

(3)广场绿地规划应具有清晰的空间层次，独立形成或配合广场周边建筑、地形等形成良好、多元、优美的广场空间体系。

(4)应考虑到与该城市绿化总体风格协调一致，结合地理区位特征，物种选择应符合植物区系规律，突出地方特色。

(5)结合城市广场环境和广场的竖向特点，以提高环境质量和改善小气候为目的，协调好风向、交通、人流等诸多因素。

(6)对城市广场场址上的原有大树应加强保护，保留原有大树有利于广场景观的形成，有利于体现对自然、历史的尊重，有利于对广场场所感的认同。

2. 城市广场绿地种植设计形式

城市广场绿地种植主要有四种基本形式：排列式种植、集团式种植、自然式种植、花坛式(即图案式)种植。

(1)排列式种植

这种形式属于整形式，主要用于广场周围或者长条形地带，用于隔离或遮挡，或作背景。单排的绿化栽植，可在乔木间加种灌木，灌木丛间再加种草本花卉，但株间要有适当的距离，以保证有充足的阳光和营养面积。在株间排列上近期可以密一些，几年以后可以间移，这样既能使近期绿化效果好，又能培育一部分大规格苗木。乔木下面的灌木和草本花卉要选择耐阴品种。并排种植的各种乔、灌木在色彩和体型上要注意协调。

(2)集团式种植

也是整形式的一种，是为避免成排种植的单调感，把几种树组成一个树丛，有规律地排列在一定地段上。这种形式有丰富、浑厚的效果，排列得整齐时远看很壮观，近看又很细腻。可用草本花卉和灌木组成树丛，也可用不同的灌木、乔木和灌木组成树丛。

(3)自然式种植

这种形式与整形式不同，是在一定地段内，花木种植不受统一的株、行距限制，而是疏落有致地布置，从不同的角度望去有不同的景致，生动而活泼。这种布置不受地块大小和形状限制，可以巧妙地解决与地下管线的矛盾。自然式树丛布置要密切结合环境，才能使每一种植物茁壮生长，同时，在管理工作上的要求较高。

(4)花坛式(即图案式)种植

花坛式种植即图案式种植，是一种规则式种植形式，装饰性极强，材料选择可以是花、草，也可以是可修剪的木本植物，可以构成各种图案，是城市广场最常用的种植形式之一。

花坛的位置及平面轮廓应该与广场的平面布局相协调，如果广场是长方形的，那么花坛或花坛群的外形轮廓也以长方形为宜。当然也不排除细节上的变化，变化的目的只是为了更活泼一些，过分类似或呆板，会失去花坛所渲染的艺术效果。

3. 城市广场树种选择的原则

城市广场树种选择要适应当地土壤与环境条件，掌握选择树种的原则、要求，因地制宜，才能达到合理、最佳的绿化效果。

(1)广场的土壤与环境

城市广场的土壤与环境，一般说来不同于山区，尤其土壤、空气、日照、温度、湿度及空中、地下设施等情况，各城市地区差别很大，且城市不同，也有各自特点。种植设计、树种选择，都应将此类条件首先调查清楚。

①土壤

由于城市长期建设的结果，土壤情况比较复杂，土壤的自然结构已被完全破坏。行道树下面经常是城市地下管道、城市旧建筑基础或旧的基路和废渣土。因此，城市土壤的土层不仅较薄，而且成分较为复杂。

②空气

城市道路、广场附近的工厂、居住区及汽车排放的有害气体和烟尘，直接影响着城市空气。有害气体和烟尘的主要成分有二氧化硫、一氧化碳、氟化氢、氯气、氮氧化物、光化学气体、烟雾和粉尘等。这些有害气体和粉尘一方面直接危害植物，使之出现污染病症，破坏植物的正常生长发育；另一方面，降低了日照强度，减少了日照时间，改变了空气的物理化学结构，影响了植物的光合作用，降低了植物抵抗病虫害的能力。

③日照、温度

城市的地理位置不同，日照强度和时间及温度也各有差异。影响日照和温度的主要因素有纬度、海拔高度、季节变化，以及城市污染状况等。街道广场的日照还受建筑和街道方向的影响。在北方城市，东西方向的道路，由于两侧高大建筑物的遮挡，北侧阳光充足，日照时间较长，而南侧则经常处于建筑的阴影下，因此，街道两侧的行道树往往生长发育不一。北侧生长茂盛，而南侧生长缓慢，甚至树冠还会出现偏冠现象。

④空中、地下设施

城市的空中、地下设施交织成网，对树木生长影响极大。空中管线常抑制破坏行道树的生长，地下管线常限制树木根系的生长。另外，人流和车辆繁多，往往会碰破树皮，折断树枝或摇晃树干，甚至撞断树干。

总之，城市道路广场的环境条件是很复杂的，有时是单一因素的影响，有时是综合因素在起作用。每个季节起作用的因素也有差异。因此，在解决具体问题时，要做具体分析。

(2)选择树种的原则

在大型广场种植树木，要严格挑选当地适宜的树种，一般须满足以下几条要求。

①冠幅大，枝叶密。冠幅大、枝叶密的树种夏季形成大片绿荫，可降低温度、避免行人暴晒。北京槐树中年期冠幅达 10m 多，上海、南京和郑州的悬铃木，冠大荫浓。

②耐瘠薄土壤。城市中土壤瘠薄，且树多种在道旁、路肩、场边。受各种管线或建筑物基础的限制、影响，树体营养面积很少，补充有限，因此，选择耐瘠薄土壤习性的树种尤为重要。

③具深根性。如营养面积小，而根系生长很强，向较深的土层伸展仍能根深叶茂。根深不会因践踏造成表面根系破坏而影响正常生长，并能抵御一般摇、撞与风暴袭击而巍然不受损害。而浅根性树种，根系会拱破路石或场面，很不适宜铺装。

④耐修剪。广场树木的枝条要求有一定高度的分枝点(一般在 2.5m 左右)，侧枝不能刮碰过往车辆，并具有整齐美观的形象。因此，每年要修剪侧枝，树种需有很强的萌芽能力，修剪以后能很快萌发出新枝。

⑤抗病虫害与污染。病虫害多的树种不仅管理上投资大，费工多，而且落下的枝、叶，虫子排出的粪便，虫体和喷洒的各种灭虫剂等，都会污染环境，影响卫生。所以，要选择能抗病虫害，且易控制其发展和有特效药防治的树种，选择抗污染、消化污染物的树种，有利于改善环境。

⑥落果少或无飞毛。经常落果或飞毛絮的树种，容易污染行人的衣物，尤其污染空气环境。所以，应选择一些落果少、无飞毛的树种，用无性繁殖的方法培育。

雄性不孕系也是解决这个问题的一条途径。

⑦发芽早、落叶晚。选择发芽早、落叶晚的阔叶树绿化效果好。

⑧耐旱、耐寒。选择耐旱、耐寒的树种可以保证树木的正常生长发育，减少管理上财力、人力和物力的投入。北方大陆性气候，冬季严寒，春季干旱，致使一些树种不能正常越冬，必须予以适当防寒保护。

⑨寿命长。树种的寿命长短影响到城市的绿化效果和管理工作。寿命短的树种一般 30～40 年就会出现发芽晚、落叶早和焦梢等衰老现象，而不得不砍伐更新。所以，要延长树的更新周期，必须选择寿命长的树种。

四、现代城市广场设计时需要考虑人的感受

1. 安全感

安全需求是人类的基本需求之一。在广场设计中为公众提供一定程度的安全感应成为设计者考虑的重要因素之一。通过设置围栏、信号灯、禁止机动车通过的矮柱以及建立残疾人无障碍系统等都可达到此目的。另外，广场的可视性如何，对增加广场的安全感起着至关重要的作用。一些存有犯罪隐患的空间、死角，在广场设计中应尽量避免。深圳大剧院前区的下沉式广场，由于与人行道连接不够紧密，不方便公众到达，以及可视性差，基本上无人问津。下沉式广场虽然空间灵活丰富，被许多城市所采用，但它存在的不安全性也应被设计者所重视。

2. 领域感

由于社会文化的影响，在现实生活中人们自然而然地尊重他人的领域。而领域感的产生需要一定空间的围合。

美国建筑师卡米约·希特提出，广场宽度 D 和周围建筑高度 H 之比在 1 和 2 之间为最佳尺度，这时给人的领域感最强。当这个比例小于 1 时，广场周围的建筑显得比较拥挤，相互干扰，影响广场的开阔性和交往的公共性。当这个比例大于 2 时，广场周围的建筑物显得过于矮小和分散，起不到聚合与汇集的作用，影响到广场的封闭性和凝聚力，以及广场的社

会向心空间的作用，削弱了广场给人的领域感。

3. 归属感和认同感

人们对直接容纳自己生活以外的建筑和环境，主要关心的不是它的物质功能，而是它在城市整体大环境中的作用，以及与周围建筑的联系，关心其与当地其他环境因素共同构成的环境、空间、性格与特征，并感受和体验其依存的文化，印证自己的意象，从而产生归属感和安全感。当今世界的快节奏，经过一天紧张忙碌的工作后，市民希望到自己熟悉的地方获得一种轻松、温馨、愉快的心理感受。城市广场就扮演了这样一种角色。广场内合理的布局，有特色的、富有亲切感的标志物，或用以界定空间和标志空间的其他处理，都可以使得居民产生"我们的广场"的观念，有助于市民建立归属感和对广场的认同感。

社会交往是现代生活的主要内容之一，人们也希望在与他人的交往中获得一种"认同感"。这种心理和因此而引起的行为模式在现代城市广场设计中都应予以重视。

五、现代城市广场发展的几个方向

1. 功能的多元化

休闲、民主、多信息、高效率、快节奏的生活方式成为现代人所追求的生活目标，原来功能单一的政治性集会广场、交通广场等已不再能满足现代人的生活需要，而以文化、休闲为主，其他功能为辅的多功能市民广场则取而代之。各种年龄层次和背景的人们能在广场内进行多种多样的活动，广场因此变成了一个复杂多样的具有可塑性的环境系统。

2. 规模的小型化

充分利用临街转角处的建筑物留出的一部分空地，或是两座建筑之间的空间，建设一些分散的、小规模的城市广场，或称中心花园广场，不但可以节约资金，疏散人流，而且它们在城市空间中还具有视觉心理上、环境行为上等多方面的调节和缓冲作用，为单调的城市空间增添了丰富的景观。

位于深圳地王大厦一侧，解放路和深南大道相夹的三角形广场，就是一个典型的，称得上是小巧玲珑的小型化广场。在这边角空间的弹丸之地，不仅疏散了大量出入地王大厦、购书城等建筑物的人流，而且仅有的几棵棕榈树和环状的花坛，又使这狭小空间充满了变化和情趣，为周围高楼林立的都市空间营造出一片温馨的休憩场所。

3. 空间的立体化

随着科学技术的进步和处理不同交通方式的需要，立体化成为现代城市空间发展的主要方向之一。下沉式广场、台地式广场、多层立体广场、空中广场、地下广场等多种空间形式在现代城市广场设计中都已或多或少出现。立体广场的出现为疏散人流，丰富城市景观起了重要的作用。

4. 环境的生态化

在保护生态、回归自然的强烈愿望和呼声中，生态城市、绿色城市的口号被提出来并成为一种新的发展方向而加以实施。将自然元素纳入城市空间，已成为今日城市空间发展的必然趋势。

深圳华侨城生态广场在整体设计上以生态概念为主线，以简约明快的设计手法体现出二十一世纪的设计理念。主体建筑墙体多以砖、木等自然材料为饰，屋顶为覆土种植屋面，所有设备用房均为地下、半地下覆土建筑，整个场地内大量运用自然形态的水景和植被，为现代都市人创造了优美惬意、充满野趣的环境。

5.立意的场所化

场所既包括物质真实又包括历史。在场所内每一项新的活动，在其中既含有对过去的回忆，也预示着对未来的想象。在今天的城市广场设计中，注重表现地域文化和环境文脉，力图创造一个具有清晰可识别性和深厚文化底蕴的场所，以求在人内心留下深刻的印象。

站在西安钟鼓楼广场，两侧有钟楼、鼓楼，对面是新建的富有传统格调的回民街，以及北大街上的爱丽丝大厦，它们丰富的屋顶轮廓线组成了一幅美丽的“格式塔”图形，将过去、现在、未来巧妙地组织在一起，浓厚的古典韵味令观者在情感上产生共鸣。

6.设计的整体化

城市是一个大系统，而特殊地段的广场是一个小系统。如果不作全面的把握，如果没有总体性的详细规划和城市设计，广场很难形成一个良好的城市景观。设计中应使广场与城市原有的肌理、道路相吻合，地铁、公交、高架线路、隧道线路、设备用房、给排水电气管道等都应预先予以规划和设计，以免引起冲突和浪费。

城市的发展永远是一个动态的过程。只有注重“此时此地”，充分考虑人的需要，采用适当的手段，才能设计出高质量的广场。同时，再加上良好的城市监督与管理，才能使广场与城市有机地结合成为一个整体，以满足不断变化着的生活需要。

六、现代城市广场设计之广场铺装

铺装是广场设计的一个重点，因为广场是以硬质景观为主。世界上许多著名的广场都因其精美的铺装设计而给人留下深刻的印象。如米开朗基罗设计的罗马市政广场、澳门的中心广场等。

但是现在人们不是去特意研究，而是片面追求材料的档次，大量使用花岗岩板材，甚至是磨光花岗岩，认为这就是好的，实际并不然。

且不说投资、雨雪天气防滑等问题，单从美学上看，质感来自对比，如果没有衬托，再高档的材料也很难充分发挥出真正的效果，另外，还有场合，不是所有的地方都要用高档材料。许多著名的广场，其铺装也是很简单的。

现在流行广场砖，实际上混凝土也可以创造出许多质感和色彩搭配，是一种价廉物美的材料。

七、现代城市广场设计之小品设计

坐凳是广场最基本的设施，坐凳的安置不仅要仔细推敲，而且要有一定的安全感和防护性。西单广场由于不可能在广场上摆满坐凳，只好在狭窄的道路旁边摆了一排坐凳，因为没有其他可坐的设施，游人只好坐在上面，但这种设计是不合理的。可见，设计必须提供辅助座位，如台阶、花池、矮墙等，往往可以收到很好的效果。

喷泉是广场中重要的景观小品，由于现代技术手段的先进，制造喷泉很容易。很多广场都设大喷泉，但是这些大喷泉实际使用率很低。

广场的细部设计很重要，一个广场的好坏不仅要看整体，也要看细部，从台阶的尺寸、花池的高矮、雨水口的处理，到铺装图案、建筑的立面、种植的方式都很关键，要反复推敲。设计师要提高处理细部的素养。

山西省太原市湖滨广场综合项目景观绿地实例

区位分析

太原湖滨广场综合项目位于太原市青年路5号，项目地处太原市区中轴线钻石地段，北靠迎泽大街，西临迎泽公园，交通便利，地理位置十分优越。

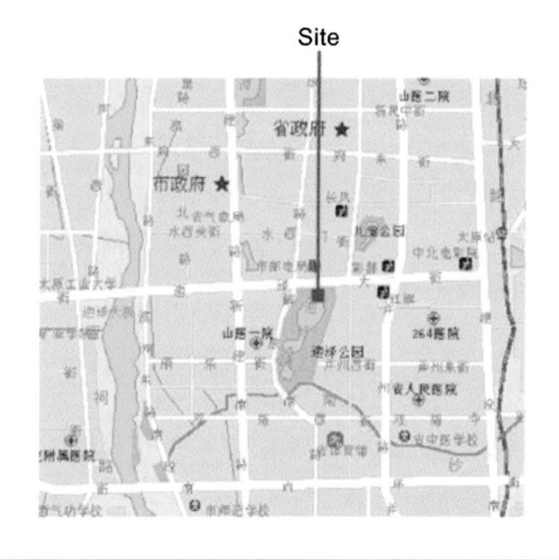

山西省太原市湖滨广场综合项目景观设计工程

环境分析

✓北侧为东西向横越市区的最主要干道——迎泽大街

✓西向和南向直接毗邻市区内最大的绿地——迎泽湖公园

✓东侧为青年路，向北举步即可到达市中心最繁华的商业区。

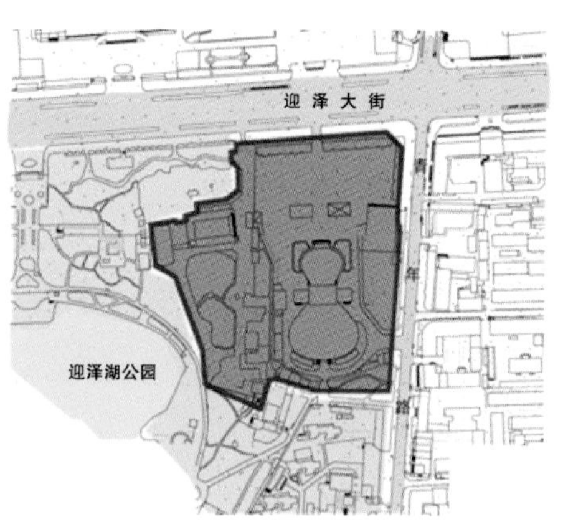

山西省太原市湖滨广场综合项目景观设计工程

总体规划解读

设计目标：创建太原市中心第一地标形象，建成最有效的多功能大型建筑，成为太原市的一道亮丽风景。

总体方案构思概念

——创建太原市中心第一地标形象

——承上启下：

引伸历史传统元素；展示现代化设施新纪元

——有机楔入广场、公园、湖体等城市脉络

——补缺城区高端商业

——互动互补的高效益综合体

山西省太原市湖滨广场综合项目景观设计工程

景观设计

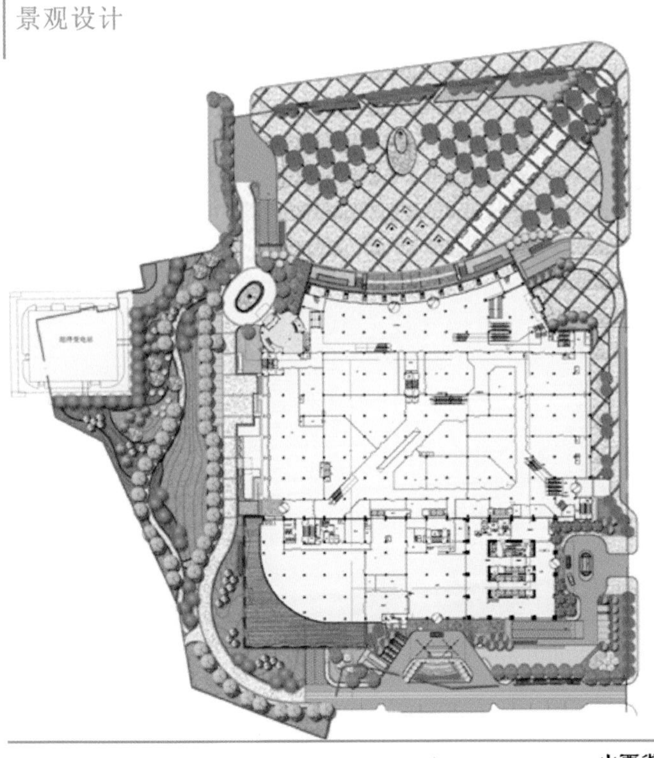

✓基地北面是建筑主入口
现代、简洁、开放的市民广场

✓基地西侧与迎泽湖公园毗邻
自然式园林布局

✓基地东、南两侧为酒店、商场
办公、次要出入口等
提升商业物业的价值

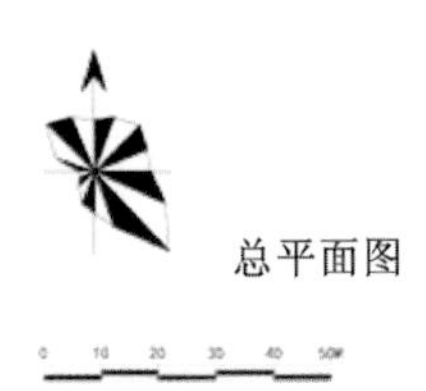

总平面图

山西省太原市湖滨广场综合项目景观设计工程

景观设计

太原市湖滨广场
环境景观鸟瞰图

山西省太原市湖滨广场综合项目景观设计工程

景观分区

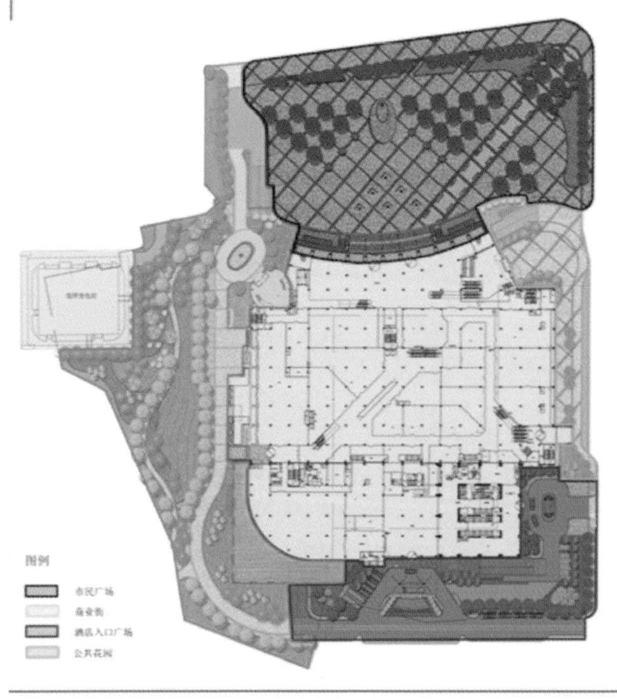

室外的景观设计为建筑物内外的转换提供了一个舒适的过渡，同时也起到了导向作用。

室外的景观设计分为4个区域：

●市民广场
●商业街
●酒店入口广场
●公共花园

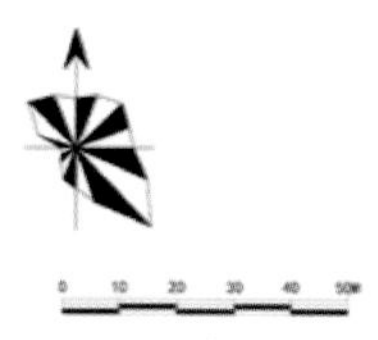

山西省太原市湖滨广场综合项目景观设计工程

分区设计

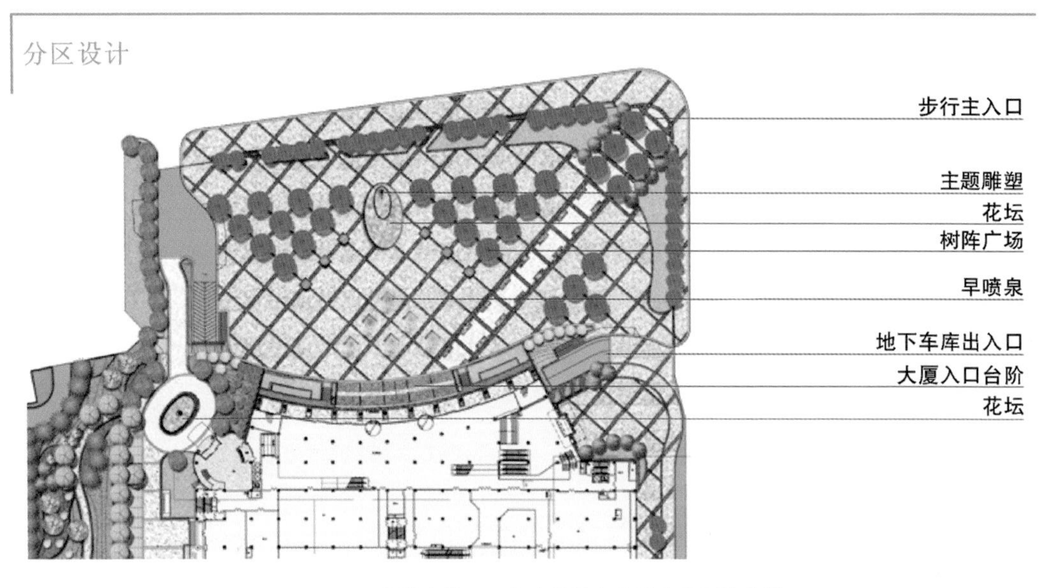

市民广场——多功能及多变的市民开放空间

市民广场的一个重要功能是当综合建筑的会议中心使用时，必须满足大人流量的疏散和停车，因此景观设计中把广场的东西出入口留出。

山西省太原市湖滨广场综合项目景观设计工程

分区设计

山西省太原市湖滨广场综合项目景观设计工程

分区设计

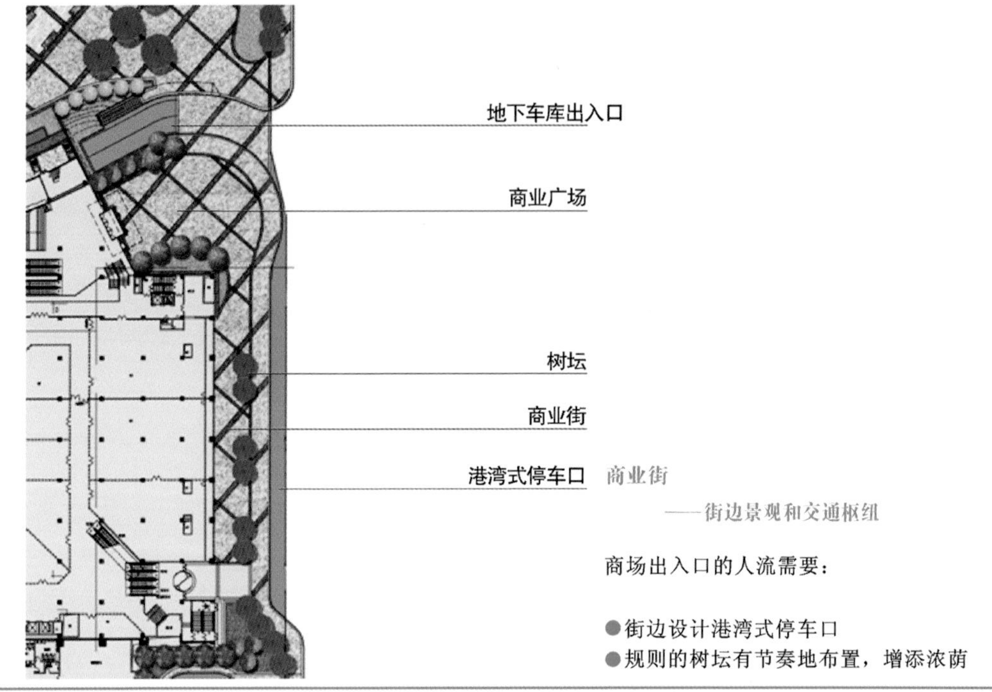

商业街

——街边景观和交通枢纽

商场出入口的人流需要：

● 街边设计港湾式停车口
● 规则的树坛有节奏地布置，增添浓荫

山西省太原市湖滨广场综合项目景观设计工程

分区设计

商业街意向

山西省太原市湖滨广场综合项目景观设计工程

分区设计

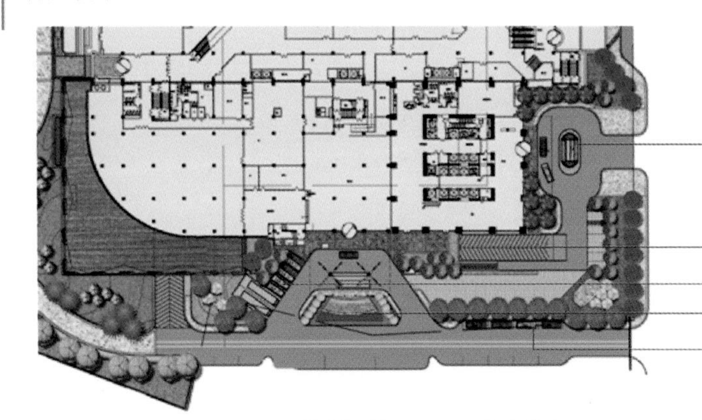

酒店入口广场——高效安全的入口

设计核心：　车行交通组织
　　　　　　力求出入的方便和快捷

- 东侧设置出租车扬招点
- 西侧是为VIP客户提供的地面停车位

山西省太原市湖滨广场综合项目景观设计工程

分区设计

酒店入口广场意向

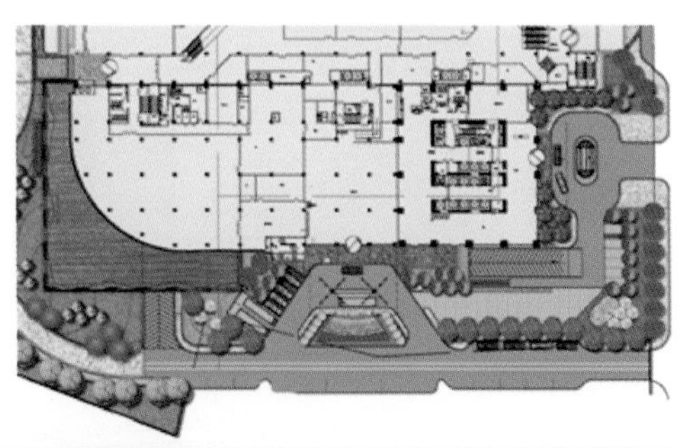

山西省太原市湖滨广场综合项目景观设计工程

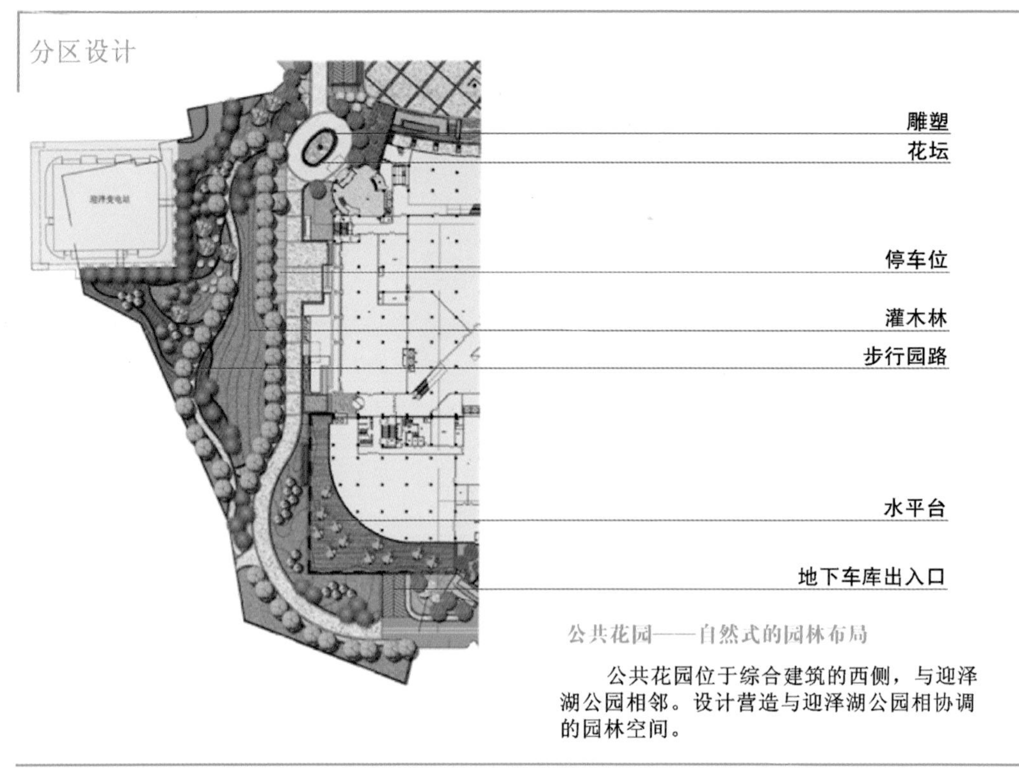

分区设计

公共花园——自然式的园林布局

公共花园位于综合建筑的西侧，与迎泽湖公园相邻。设计营造与迎泽湖公园相协调的园林空间。

山西省太原市湖滨广场综合项目景观设计工程

分区设计

公共花园意向

山西省太原市湖滨广场综合项目景观设计工程

地形设计

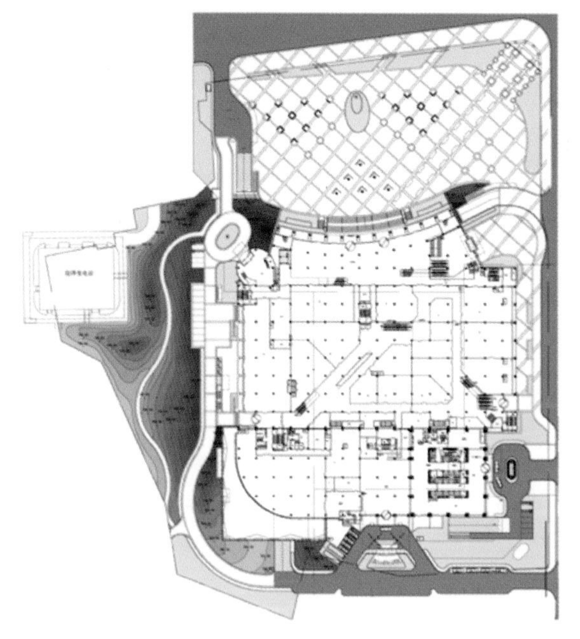

✓ 地形对于整个基地景观的视觉美感以及排水系统都起着举足轻重的作用。

✓ 公共花园富有高低起伏的地形设计，使整个绿地的景色更为主动。

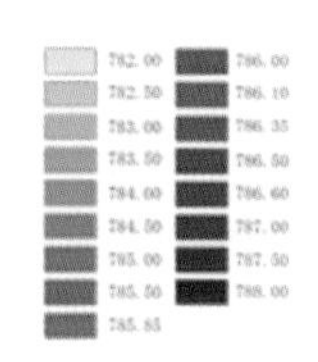

山西省太原市湖滨广场综合项目景观设计工程

种植设计

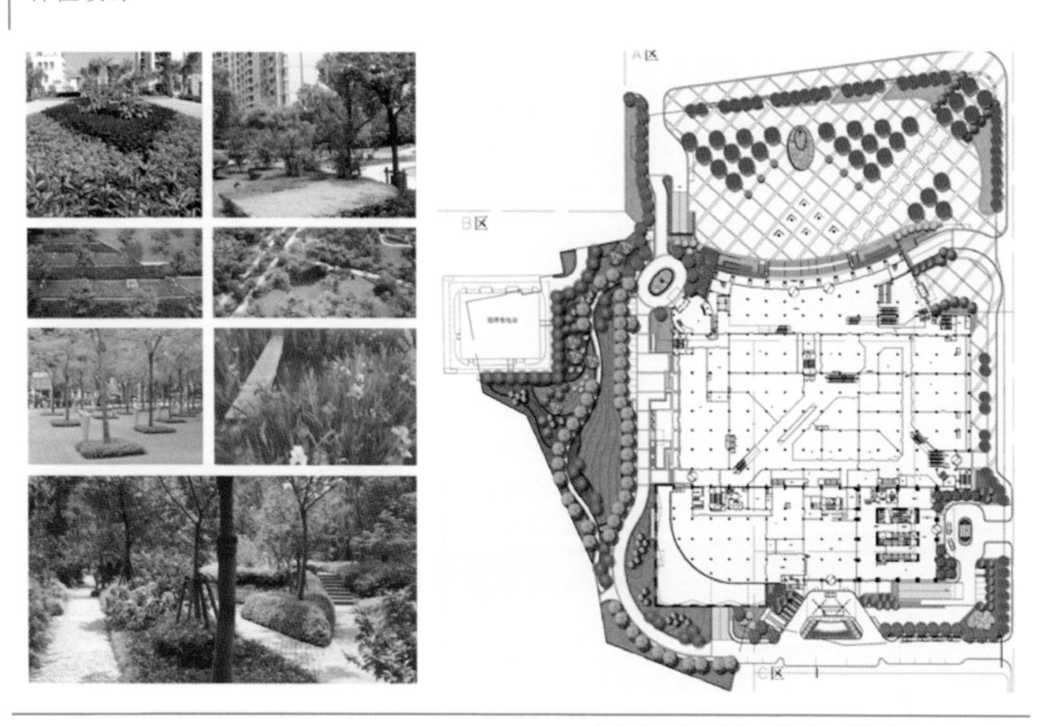

山西省太原市湖滨广场综合项目景观设计工程

广场和园路铺装

广场设计意向

园路铺装意向

山西省太原市湖滨广场综合项目景观设计工程

消防交通组织

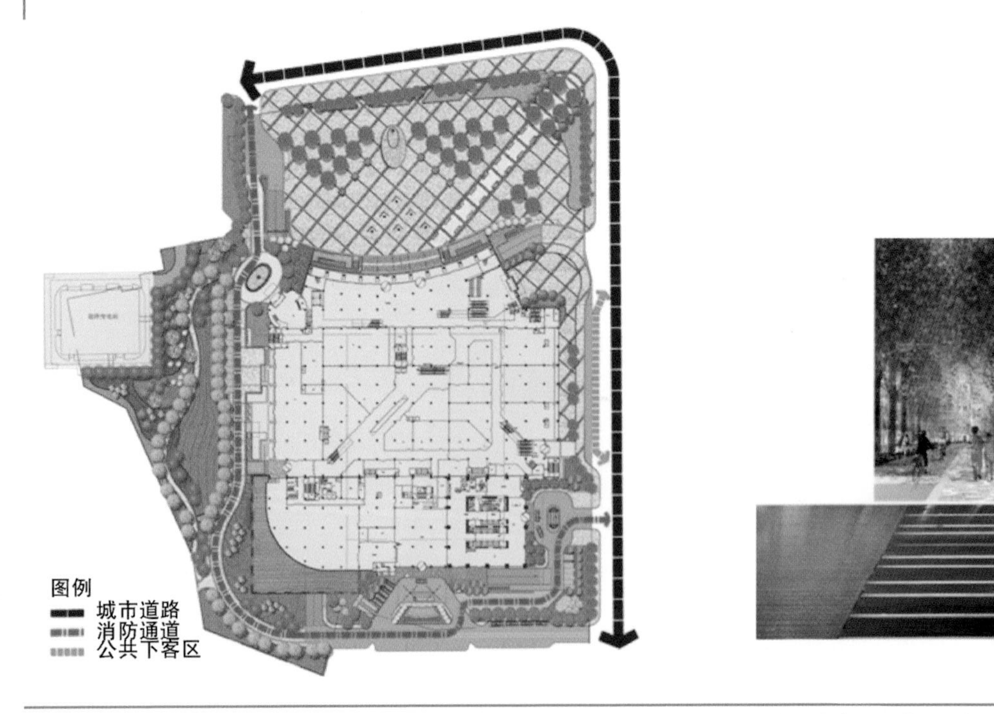

山西省太原市湖滨广场综合项目景观设计工程

车流交通组织

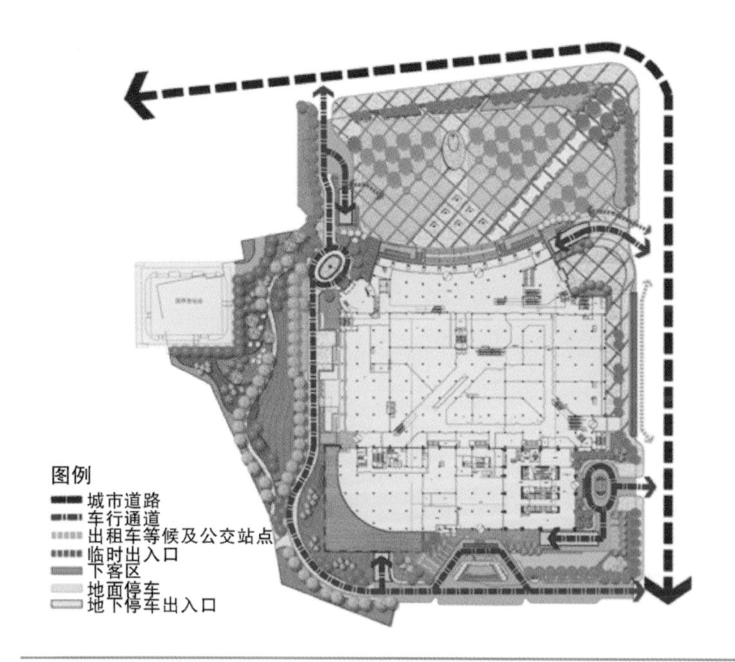

山西省太原市湖滨广场综合项目景观设计工程

人行交通组织

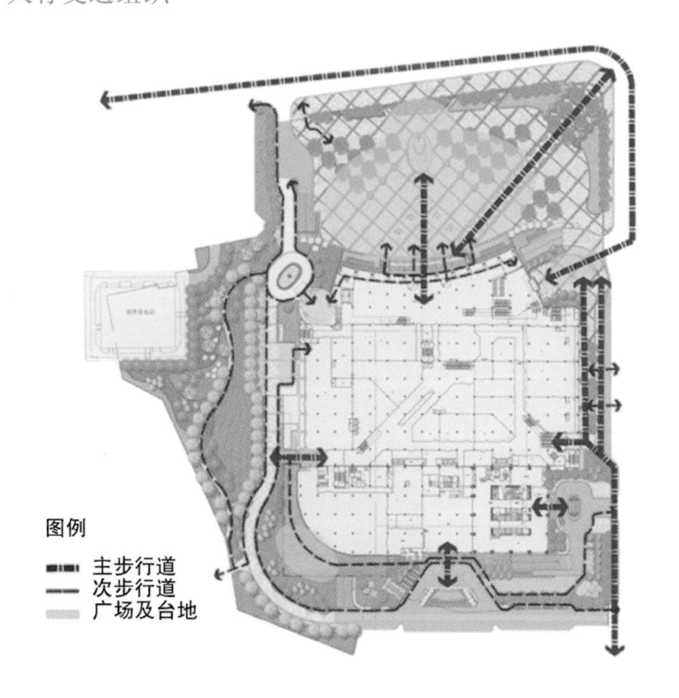

山西省太原市湖滨广场综合项目景观设计工程

喷泉设计

旱喷意向

水景墙意向

喷泉意向

山西省太原市湖滨广场综合项目景观设计工程

夜景灯光

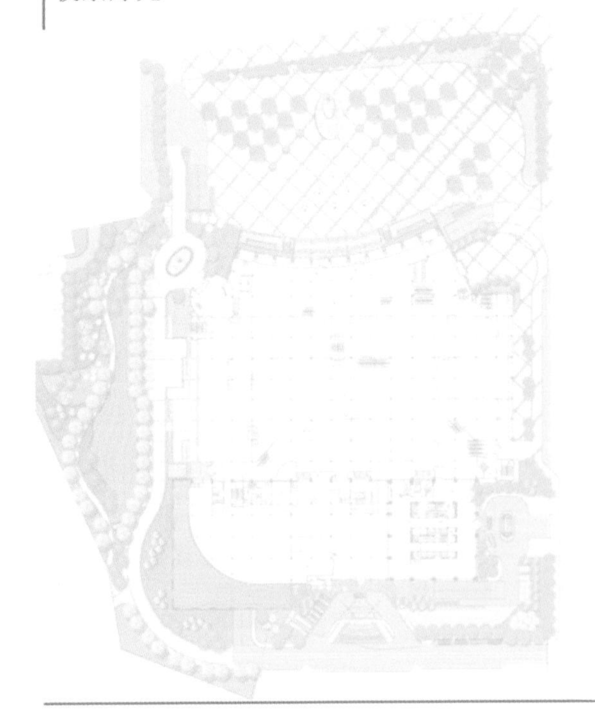

LED灯带的设置

- 营造了广场总体夜景特色
- 给游览者提供了一条游线
- 喷泉与灯光设计的结合，显示出季节的变化和丰富的景观效果。

山西省太原市湖滨广场综合项目景观设计工程

经济技术指标

项目	面积（m²）	比例（红线面积）	备注
综合体建筑占地面积	19132	39.52%	
市民广场	8370	17.29%	
变电站切入基地面积	1555	3.21%	
喷泉	63	0.13%	(不含旱喷泉)
红线内车行道	3676	7.59%	
红线外车行道	1354		
红线内人行道	3268	6.75%	
红线外人行道	2139		
停车位	530	1.09%	
其他（排风口、采光井、台阶坡道等）	1208	2.5%	
红线内绿地	10610	21.92%	
红线外绿地	130		
红线内总面积	48412	100%	

山西省太原市湖滨广场综合项目景观设计工程

1. 现代城市广场设计的基本原则有哪些？
2. 现代城市广场设计的内容有哪些？
3. 现代城市广场设计的影响因素有哪些？
4. 现代城市广场的发展方向有哪些？
5. 现代城市广场设计的广场铺装内容有哪些？
6. 现代城市广场设计的小品内容有哪些？

1. 抄绘城市广场绿地设计平、立、剖面图，并用彩铅着色。
2. 设计标准段城市广场绿地，徒手绘制出平、立、剖面图，并用彩铅着色。
3. 制作城市广场绿地的模型。
4. 用计算机进行城市广场绿地的彩色平面效果图制作。
5. 用计算机进行城市广场绿地鸟瞰效果图与局部效果表现图的绘制。

任务三　小游园绿地方案设计

学习目标

- 会正确应用国家制图的标准；
- 能理解小游园绿地设计主题的构思与确定；
- 会进行小游园绿地基本形式的设计；
- 会小游园绿地的模型制作与渲染；
- 能进行小游园绿地的彩色平面效果图制作；
- 能进行小游园绿地鸟瞰效果图与局部效果表现。

建议学时：14 学时

学习活动 1　小游园绿地项目准备

学习目标

1. 了解规划区域的现状资料及文化资料；
2. 了解国家制图的标准；
3. 了解规划区域的分区及表现技法；
4. 会正确应用国家制图的标准。

情景描述

在做小游园绿地方案设计时，设计者应先进行基地调查，熟悉物质环境、社会文化环境和视觉环境，然后对所有与设计有关的内容进行概括和分析，最后拿出合理的方案，完成设计。因此，在小游园绿地项目准备活动中，要求：根据任务书的内容进行基地调查，收集与基地有关的资料，补充并完善不完整的内容，对整个路段及周围环境进行综合分析。结果用图片、表格或图解的方式表示。可以拍成照片或徒手线条勾绘，图面应简洁、醒目、说明问题。

知识链接

城市小游园也叫游憩小绿地，是供城市行人作短暂游憩的场地，是城市公共绿地的一种形式，又称小绿地、小广场、小花园。在中国城市中普遍设置，也起美化城市环境的作用。小游园的面积一般在 10000 平方米左右，也有数百平方米，甚至数十平方米的。小游园可利用城市中不宜布置建筑的小块零星空地建造，在旧城改建中具有重要的作用。小游园可以布置得精细雅致，除种植花木外，还可有园路、铺地和建筑小品等。平面布置多采取开放式布局，规划设计可以因地制宜。小游园在绿化配置上要符合它兼有街道绿化和公园绿化的双重性的特点。一般绿化的覆盖率要求较高。

小游园在国外也很普遍，日本1923年关东大地震后重建东京时，在小学校邻近、道旁、河滨等地建设了72座小游园。前苏联首先将小游园列入城市园林绿地系统，并分为广场上的小游园、公共建筑物前的小游园、居住区内的小游园、街道上的小游园等类型。

城市小游园在城市中起着重要的作用：

(1)弥补公园的不足；

(2)发挥园林的生态效益，改善城市的环境；

(3)装点街景，美化城市；

(4)投资少，方便市民。

1. 园林制图标准有哪些？

2. 如何进行小游园绿地项目准备？所需的材料、工具、步骤、注意事项有哪些？

3. 小游园绿地的作用有哪些？

4. 小游园绿地的类型有哪些？

1. 设计人员首先应该充分了解设计委托方的具体要求，有哪些愿望，对设计所要求的造价和时间期限等内容。从中确定哪些值得深入细致地调查和分析，哪些只要做一般的了解。

2. 根据任务书的内容进行基地调查，弄清与掌握小游园的等级、性质、功能、周围环境，以及投资能力基本来源、施工、养护技术水平等，然后综合研究，将总体与局部结合起来，做出切实、经济、合理的设计方案。

3. 调查结果用图片、表格或图解的方式表示。

学习活动2　小游园绿地方案设计

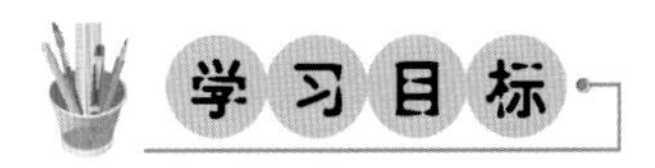

1. 能理解小游园绿地设计主题的构思与确定；

2. 会进行小游园绿地基本形式的设计。

在对小游园绿地现状调查分析后，应该在方案设计之前先做出整个小游园的用地规划

或布置，保证功能合理，尽量利用基地条件，使得各项内容各得其所，然后再分区块进行各局部景点的方案设计。因此，在小游园绿地方案设计中，要求：根据基地调查和分析得出的结果进行小游园绿地方案设计。形成方案构思图、平立剖面图、详图、局部效果图、方案鸟瞰图等。

城市小游园规划设计要点：

1. 特点鲜明突出，布局要简洁明快

小游园的平面布局不宜复杂，应当使用简洁的几何图形。从美学理论上看，明确的几何图形要素之间具有严格的制约关系，最能引起人的美感；同时对于整体效果、远距离及运动过程中的观赏效果的形成也十分有利，具有较强的时代感。

2. 因地制宜、力求变化

小游园的设计要根据当地实际情况来进行，如果小游园规划地段面积较小，地形变化不大，周围是规则式建筑，则游园内部道路系统以规则式为佳；若地段面积稍大，又有地形起伏，则可采用自然式布置。城市中的小游园贵在自然，最好能使人从嘈杂的城市环境中脱离出来。同时园景也宜充满生活气息，有利于逗留休息。另外要发挥艺术手段，将人带入设定的情境中去，做到自然性、生活性、艺术性相结合。

3. 小中见大，充分发挥绿地的作用

布局要紧凑：尽量提高土地的利用率，将园林中的死角转化为活角等。空间层次丰富：利用地形道路、植物小品分隔空间，此外也可利用各种形式的隔断花墙构成园中园。建筑小品以小巧取胜：道路、铺地、坐凳、栏杆的数量与体量要控制在满足游人活动的基本尺度要求之内，使游人产生亲切感，同时扩大空间感。

4. 植物配置与环境结合，体现地方风格

严格选择主调树种，考虑主调树种时，除注意其色彩美和形态美外，更多地要注意其风韵美，使其姿态与周围的环境气氛相协调。注意时相、季相、景相的统一，为在较小的绿地空间取得较大活动面积，而又不减少绿景，植物种植可以以乔木为主，灌木为辅，乔木以点植为主，在边缘适当辅以树丛，适当增加宿根花卉种类。此外，也可适当增加垂直绿化的应用。

5. 组织交通，吸引游人

在道路设计时，采用角穿的方式使穿行者从绿地的一侧通过，保证游人活动的完整性。

6. 硬质景观与软质景观兼顾

硬质景观与软质景观要按互补的原则进行处理，如：硬质景观突出点题入境，象征与装饰等表意作用，软质景观则突出情趣，和谐舒畅、情绪、自然等顺情作用。

7. 动静分区以满足不同人群活动的要求

设计小游园时要考虑到动静分区，并要注意活动区的公共性和私密性。在空间处理上要注意动观、静观、群游与独处兼顾，使游人找到自己所需要的空间类型。

忻州市静乐县城区公园绿化实例

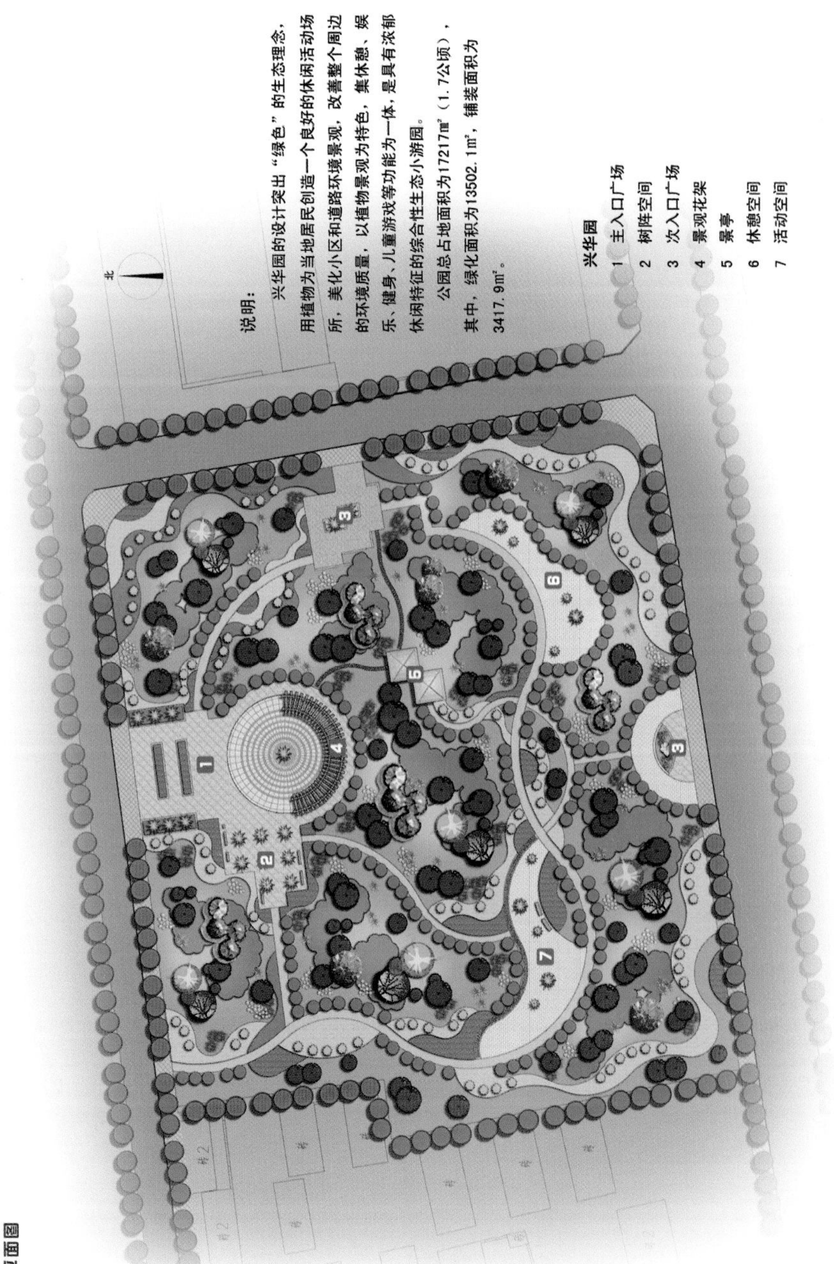

分段设计
Block Design

鸟瞰图

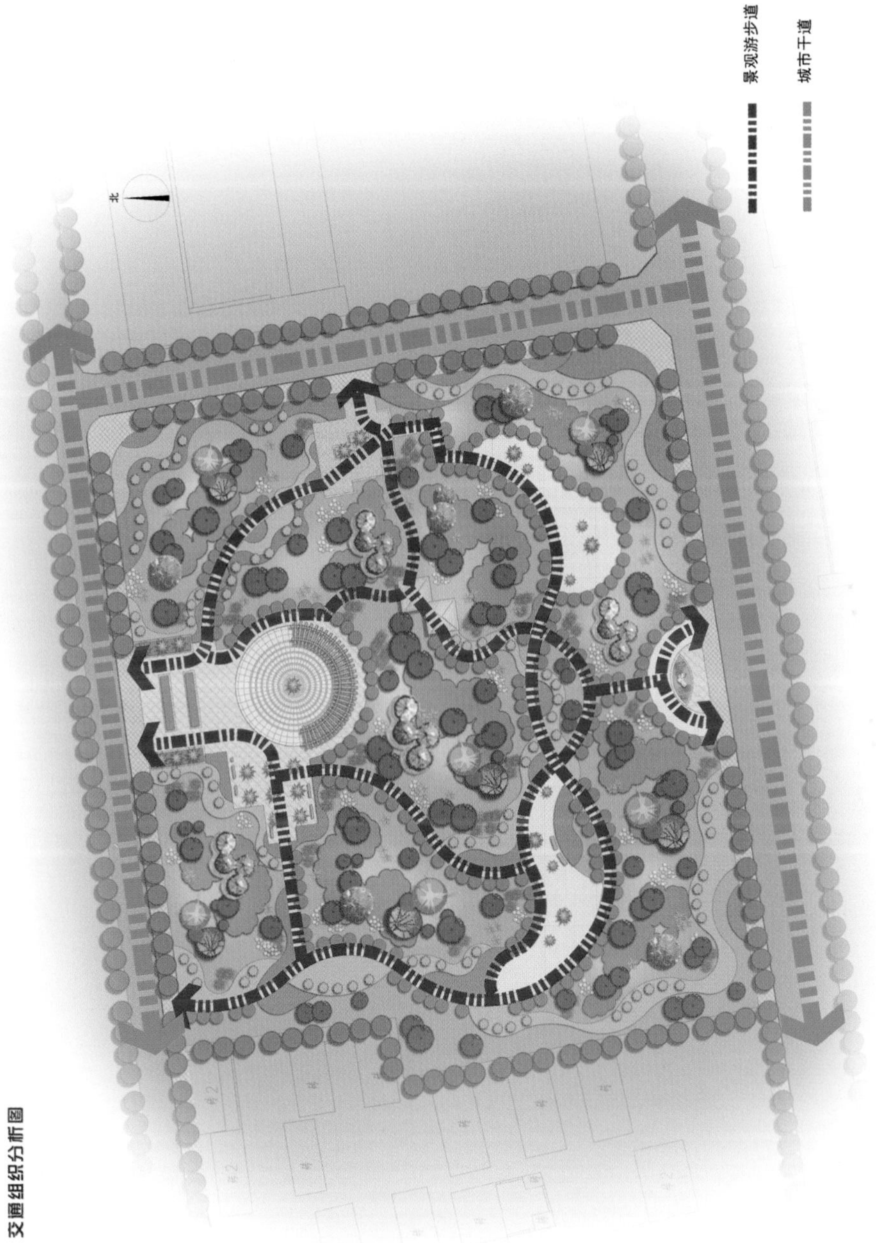
分段设计
Block Design
北
景观游步道
城市干道
忻州市静乐县城区公园绿化建设项目
Jingle County Urban Park Green Construction Project
交通组织分析图

分段设计
Block Design

功能分区

忻州市静乐县城区公园绿化建设项目
Jingle County Urban Park Green Construction Project

分段设计
Block Design

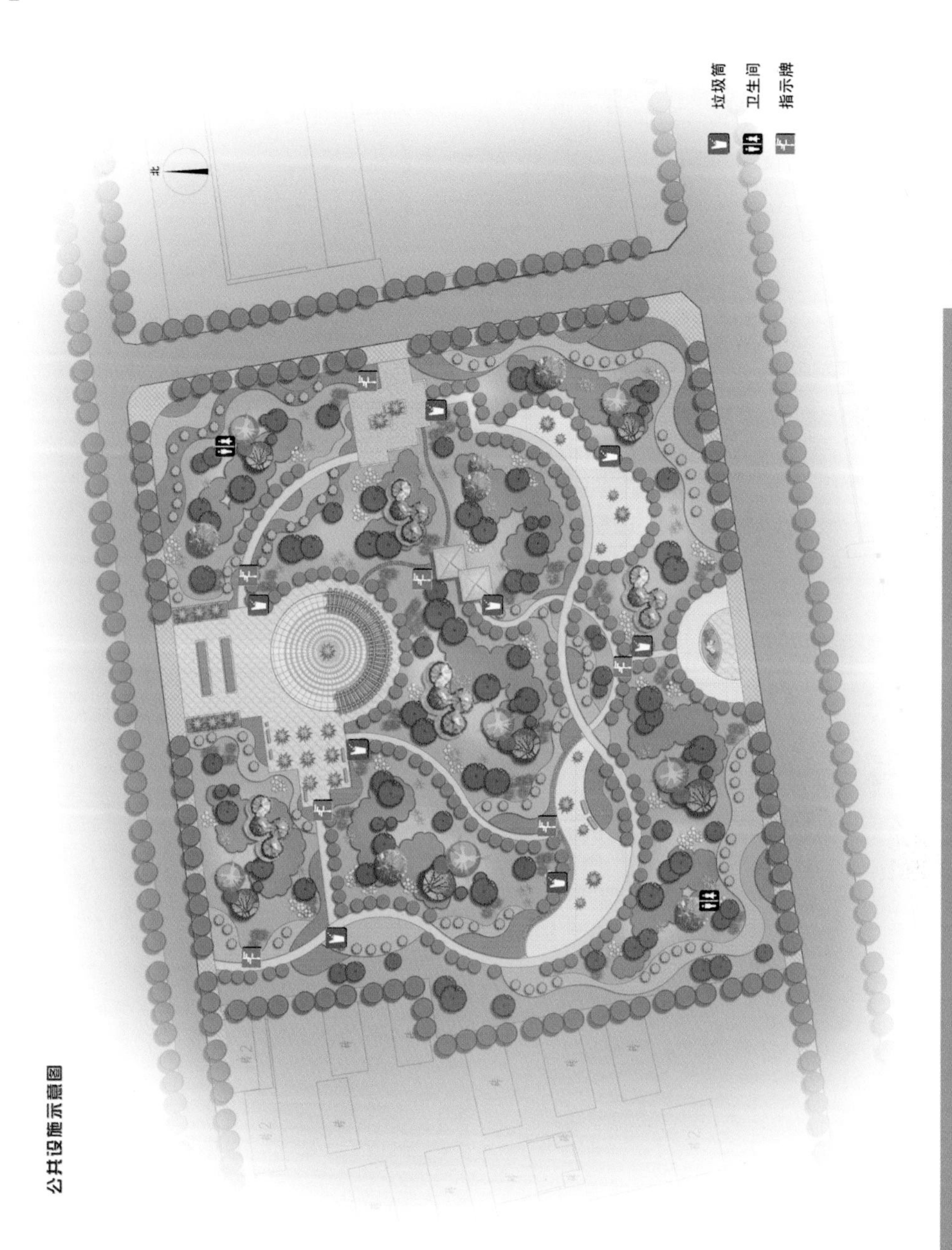

公共设施示意图

忻州市静乐县城区公园绿化建设项目
Jingle County Urban Park Green Construction Project

分段设计
Block Design

景观节点示意

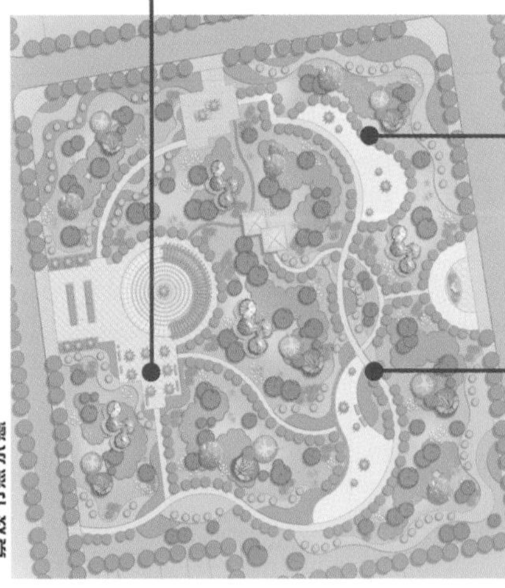

分段设计
Block Design

景观节点示意

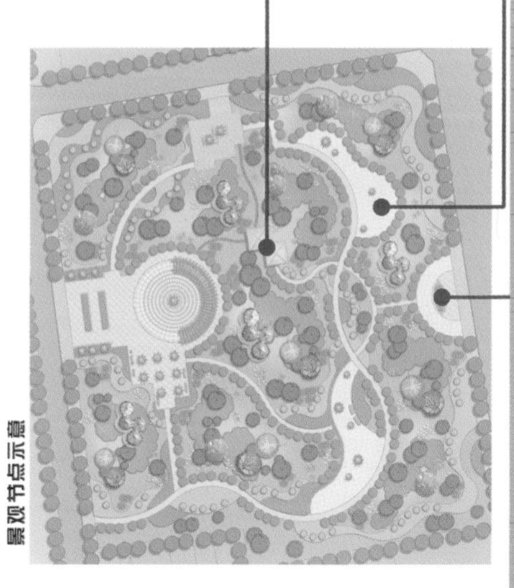

忻州市静乐县城区公园绿化建设项目
Jingle County Urban Park Green Construction Project

1. 城市小游园绿地规划设计原则有哪些？
2. 城市小游园规划设计的注意事项有哪些？
3. 城市小游园植物配置的要求有哪些？

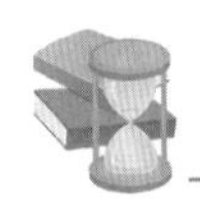

任务实施

1. 抄绘小游园绿地设计平、立、剖面图，并用彩铅着色。
2. 设计标准段小游园绿地，徒手绘制出平、立、剖面图，并用彩铅着色。
3. 制作小游园绿地的模型。
4. 用计算机进行小游园绿地的彩色平面效果图制作。
5. 用计算机进行小游园绿地鸟瞰效果图与局部效果表现图的绘制。

任务四　居住区绿地方案设计

学习目标

- 会正确应用国家制图的标准；
- 能理解居住区绿地设计主题的构思与确定；
- 会进行居住区绿地基本形式的设计；
- 能进行居住区绿地的种植设计；
- 会居住区绿地的模型制作与渲染；
- 能进行居住区绿地的彩色平面效果图制作；
- 能进行居住区绿地鸟瞰效果图与局部效果表现。

建议学时:14 学时

学习活动 1　居住区绿地项目准备

学习目标

1. 了解规划区域的现状资料及文化资料；
2. 了解国家制图的标准；
3. 了解规划区域的分区及表现技法；
4. 会正确应用国家制图的标准。

情景描述

在做居住区绿地方案设计时，设计者应先进行基地调查，熟悉物质环境、社会文化环境和视觉环境，然后对所有与设计有关的内容进行概括和分析，最后拿出合理的方案，完成设计。因此，在居住区绿地项目准备活动中，要求：根据任务书的内容进行基地调查，收集与基地有关的资料，补充并完善不完整的内容，对整个路段及周围环境进行综合分析。结果用图片、表格或图解的方式表示。可以拍成照片或徒手线条勾绘，图面应简洁、醒目、说明问题。

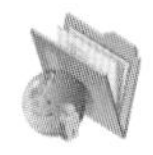

知识链接

居住区绿地是城市绿地系统中重要的组成部分，在城市绿地中分布最广、最接近居民的生活。随着社会的发展,现代人在买房建房的过程中,越来越注重绿地景观,越来越期盼绿地能为生活带来更多的生态环保,所以对其进行科学合理的规划设计,不仅能为居民创造良好的休憩环境,还能为居民提供丰富多彩的活动场地,对改善人们的生活环境起着至关重要的作用。

21 世纪的人本居住区规划设计将是把经济效益、环境效益和社会效益结合起来,打破固有的规划理念,以营造最佳居住环境、最好居住条件为中心,使小区规划达到经济功能、环境功能、社会功能的要求,建造出适宜的居住区。

一、居住区的概念

居住区按居住户数或人口规模可分为居住区、小区、组团三级。各级标准控制规模,应符合表 4-1 中的规定。其规划组织结构可采用居住区—小区—组团、居住区—组团、小区—组团及独立式组团等多种类型。

表 4-1 居住区分级控制规模

规模	居住区	小区	组团
户数(户)	10000～15000	2000～4000	300～700
人口(人)	30000～50000	7000～15000	1000～3000

1. 城市居住区

一般称居住区,泛指不同居住人口规模的居住生活聚居地和特指被城市干道或自然分界线所围合,并与居住人口规模(30000～50000 人)相对应,配建有一整套较完善的、能满足该区居民物质与文化生活所需的公共服务设施的居住生活聚居地。

2. 居住小区

一般称小区,是被居住区级道路或自然分界线所围合,并与居住人口规模(7000～15000人)相对应,配建有一套能满足该区居民基本的物质与文化生活所需的公共服务设施的居住生活聚居地。

3. 居住组团

一般称组团,指被小区道路分隔,并与居住人口规模(1000～3000 人)相对应,配建有居民所需的基层公共服务设施的居住生活聚居地。

二、居住区用地的组成

居住区用地(R)包括住宅用地、公共服务设施用地(公建用地)、道路用地和公共绿地四项用地。

1. 住宅用地(R01)

住宅用地是指住宅建筑基底占地及其四周合理间距内的用地(含宅间绿地和宅间小路等)的总称。而建筑空间是一种私用空间,是居住区中的基本空间,规划设计好住宅空间是居住区建设的主要任务。

2. 公共服务设施用地(R02)

一般称公建用地,是与居住人口规模相对应配建的、为居民服务和使用的各类设施的用地,应包括建筑基底占地及其所属场院、绿地和配建停车场等。如居住区的教育、医疗卫生、文化体育、商业服务、金融邮电、市政公用、行政管理等设施。

3. 道路用地(R03)

道路用地包括居住区道路、小区路、组团路及非公建配建的居民小汽车、单位通勤车等停放场地。

4. 公共绿地(R04)

公共绿地是指满足规定的日照要求、适合于安排游憩活动设施或供居民共享的游憩绿地，应包括居住区公园、小游园和组团绿地及其他块状、带状绿地等，是居民进行室外活动、交往的重要场所。

居住区内各项用地所占比例的平衡控制指标，应符合表 4-2 中的规定：

表 4-2　居住区用地平衡控制指标(%)

用地构成	居住区	小区	组团
1. 住宅用地(R01)	45～60	55～65	60～75
2. 公建用地(R02)	20～32	18～27	6～18
3. 道路用地(R03)	8～15	7～13	5～12
4. 公共绿地(R04)	7.5～15	5～12	3～8
居住区用地(R)	100	100	100

三、居住区绿地组成及定额指标

(一)居住区绿地组成

居住区绿地按其功能、性质及大小，包括公共绿地、宅旁绿地、公共建筑及设施专用绿地、道路绿地四类，它们共同构成居住区绿地系统。

1. 公共绿地

居住区内的公共绿地，应根据居住区不同的规划组织结构类型，设置相应的中心公共绿地，包括居住区公园(居住区级)、小游园(小区级)和组团绿地(组团级)，以及儿童游戏场和其他块状、带状公共绿地等，并应符合表 4-3 规定：

表 4-3　各级公共绿地设置规定

中心绿地名称	设置内容	要　求	最小规模(ha)
居住区公园	花木草坪、花坛水面、凉亭雕塑、小卖部、茶座、老幼设施、停车场地和铺装地面等	园内布局应有明确的功能划分	1.0
小游园	花木草坪、花坛水面、雕塑、儿童设施和铺装地面等	园内布局应有一定的功能划分	0.4
组团绿地	花木草坪、桌椅、简易儿童设施等	灵活布局	0.04

(1)居住区公园。居住区公园是为全居住区服务的居住区公共绿地，规划用地面积较大，一般在 1ha 以上，相当于城市小型公园。一般服务半径以 800～1000m 为宜，园内布局应有明确的功能划分，设施较为丰富，能满足不同年龄组的需求。

(2)小游园。主要供居住小区内居民就近使用,规划用地面积通常在0.4ha以上,服务半径为400～500m,在居住小区中位置要适中。

(3)组团绿地。组团绿地又称居住生活单元组团绿地,包括组团儿童游戏场,是最接近居民的居住公共绿地,它结合住宅组团布局,以住宅组团内的居民为服务对象。在规划设计中,特别要设置老年人和儿童休息活动场所,一般面积0.04ha以上,服务半径为100m左右。

除上述三种外,根据居住区所处的自然地形条件和规划布局,还在居住区服务中心、河滨地带及人流比较集中的地段布置街心花园、河滨绿地、集散广场等不同形式的公共绿地。

2.宅旁绿地

它是小区内最基本的绿地类型,包括宅前、宅后及建筑物本身的绿化,是居民使用的半私密空间和私密空间,主要使用者为邻近居民,老人和学龄前儿童是最经常使用的人群。宅旁绿地是小区绿地总面积最大的一种绿地形式。

3.公共建筑及设施专用绿地

它是指居住区内各类公共建筑和公用设施的环境绿地,如活动中心、会所、俱乐部、幼儿园、邮局、银行等用地的环境绿地。其绿化布置要满足公共建筑和公用设施的功能要求,并考虑与周围环境的关系。

4.道路绿地

它是指居住区主要道路两侧或中央的道路绿化带用地。一般居住区内道路路幅较小,道路红线范围内不单独设绿化带,道路的绿化结合在道路两侧的居住区其他绿地中,如居住区宅旁绿地、组团绿地。

(二)居住区绿地定额指标

居住区绿地定额指标是指国家有关条文规范中规定的在居住区规划布局和建设中必须达到的绿地面积的最低标准。它间接地反映了城市绿化水平。随着社会进步,人们生活水平的提高,绿化事业日益受到重视,居住区绿化指标已经成为人们衡量居住区环境的重要依据。

我国建设部颁布的行业标准《城市居住区规划设计规范》中规定,新建居住区中绿地率不低于30%,旧区改造中不低于25%;居住小区公共绿地应不少于1m^2/人,居住区应不少于1.5m^2/人。

常用的定额指标如下:

(1)居住区绿地总面积(ha):指居住区内公共绿地的面积总和,其数值越大越好。

(2)居住区绿地率(%):指居住区绿化用地面积占居住区总用地面积的百分比。

(3)居住区人均绿地面积(m^2/人):指居住区绿地总面积除以居住区总人口数。

四、居住区绿地规划设计原则与要求

居住区绿地中大到居住区中心花园,小到一个坡道设计,都应该遵循一定的科学合理的原则来进行设计。

1.系统性原则

小区以上规模的居住用地应当首先进行绿地总体规划,用地内的各种绿地应在居住区规划中按照有关规定进行配套，并在居住区详细规划指导下进行规划设计。确定用地内各类绿地的功能和使用性质，划分开放式绿地各种功能区，确定开放式绿地出入口位置等，并协调相关的各种市政设施，如用地内小区道路，各种管线，地上、地下设施及其出入口位置等。确定的绿化用地应当作为永久性绿地进行建设，必须满足居住区绿地功能，布局合理，方便居民使用。

其次，居住区绿地设计在形成自己特色的同时，还要考虑与周围建筑风格、居民的行为、心理需求和当地的文化艺术因素等的协调，形成一个具有整体性的系统。绿化形成系统的重要手法就是“点、线、面”结合，保持绿化空间的连续性，让居民随时随地生活在绿化环境中。

2. 功能性原则

主要指居住区绿地的使用功能。居住区绿地是形成居住区建筑通风、日照、防护距离的环境基础，不同位置不同类型的绿地及其设施，在居住区中各有自身的功能作用，所以在设置时要注意其功能与艺术的统一。特别是在地震、火灾等非常时期，绿地有疏散人流和避难保护的作用，具有突出的使用价值。居住区绿地直接创造了优美的绿化环境，可为居民提供方便舒适的休息游戏设施、交往空间和多种活动场地，具有极高的使用效率。

3. 可达性原则

居住区公共绿地无论集中设置或分散设置，都必须选址于居民经常经过并能到达的地方。对于那些行动不便的老年人、残疾人或自控能力弱的幼童，更应该考虑他们的通行能力，强调绿地中的无障碍设计，强调安全保障措施。

4. 生态性原则

居住区绿地是居住区中唯一能有效地维持和改善居住区生态环境质量的环境因素，因此，在绿地规划设计和园林植物群落的营建中，在形成优美的绿地景观、构成符合居住区空间环境要求的绿地空间的基础上，应注重其生态环境功能的形成和发挥。在具体方法上，可通过配合地形变化、园路广场、景观建筑等，设计具有较强生态功能的多样性人工园林植物群落，如采用生态铺装、林荫道、树阵广场等等。

特别注意的是，在有些居住区建设中出于经济和居住功能的考虑，大多对规划用地范围内的自然环境进行了改造，仅在局部保留了不宜建设用地或是按国家有关法规保护的古树名木等，那么在规划设计时，应尽可能地利用这些地方做成大众喜欢的丘陵、微地形等自然地形地貌，使小区地形、空间等更加丰富，因地制宜的栽植自然植物群落，进一步协调建筑与环境的关系，丰富居住区开放空间的景观，形成居住区环境景观和绿化的特色，充分发挥其生态效益。

5. 特色性原则

随着我国经济快速发展，城市化的进程也愈发加快，居住区开发建设异军突起。同时，随着人们生活水平的不断提高，对居住区室外的要求也越来越高，从追求功能齐全到追求个性化的转变，每个居民都希望自己的住宅区能够独一无二，这样能感受到来自自然的亲切和愉悦，也容易对自己的住宅区产生自豪感和幸福感。但在一些城市，各项功能设施齐全，高端的住宅区密密层层，居住区绿地景观设计的雷同却比比皆是。主要表现在以下两点：第一，所在城市的地方特色在居住区绿地景观规划中体现得不够明显；第二，居住区绿地景观规划在特有的环境条件下没有创造出反映地方风格和时代特征的一些元素。

真正优秀的居住区绿地景观设计并不是说采用了多少高科技，用了多么先进的新型材料，而是这个设计能使居民体会到设计的初衷，在方便人们活动出行的同时又能够引导人们进行有序、文明的生活，具有一个引导的功能。居住区绿地景观个性特色的塑造正是以此为基础，是一个室外环境所具有的与其他居民区内在和外部特征的差异，而这种差异使人感受到一种个性，是自己居住区所独有的特征。居住区绿地景观规划的个性，要求设计师能对居住区生活功能、服务规律进行深层次的分析，对地域的气候、地形现状和人文环境进行不断的推敲和琢磨，能拿出有想法的方案，创造出舒适个性的居住环境，反对凭空想象和任意拼贴。

6. 亲和性原则

居住区绿地尤其是小区绿地一般面积不大，不可能和城市公园那样有开阔的场地，为了让居民在绿地内感到亲密和谐，就必须掌握好绿地空间、绿地内各项公共设施、景观建筑、建筑小品等各要素的尺度和相互间的比例关系。如当绿地一面或几面开敞时，要在开敞的一面用绿化设施加以围合，使人免受外界视线和噪声等的干扰。当绿地被建筑所包围产生封闭感时，则宜采取“小中见大”手法，造成一种软质空间，“模糊”绿地与建筑的边界，同时防止在这样的绿地内放进体量过大的景观建筑或尺度不适宜的小品设施等。

7. 文化性原则

崇尚历史和文化是近年来居住区环境设计的一大特点，开发商和设计师不再机械地割裂居住建筑和环境景观，开始在文化的大背景下进行居住区的策划和规划，通过建筑与环境艺术来表现历史文化的延续性。居住区环境作为城市人类居住的空间，也是居住区文化的凝聚地与承载点，因此在居住区环境的规划设计中要认识到文化特征对于居住区居民健康、高尚情操培育的重要性。而营造居住区环境的文化氛围，在具体规划设计中，应注重居住区所在地域自然环境及地方建筑景观的特征；挖掘、提炼和发扬居住区地域的历史文化传统，并在规划中予以体现。

8. 多元化原则

环境景观的艺术性向多元化发展，居住区环境设计更多关注人们不断提升的审美需求，呈现出多元化的发展趋势。同时环境景观更加关注居民生活的方便、健康与舒适性，不仅为人所赏，还要为人所用。尽可能创造自然、舒适、亲近、宜人的景观空间，实现人与景观有机融合。如亲地空间可以增加居民接触地面的机会，创造适合各类人群活动的室外场地和各种形式的屋顶花园等等；亲水空间，营造出人们亲水、观水、听水、戏水的场所；硬软景观有机结合，充分利用车库、台地、坡地、宅前屋后构造充满活力和自然情调的亲绿空间环境；而儿童活动的场地和设施的合理安排，可以培养儿童友好、合作、冒险的精神，创造良好的亲子空间。

1. 园林制图标准有哪些？
2. 如何进行居住区绿地项目准备？所需的材料、工具、步骤、注意事项有哪些？
3. 城市居住区景观设计的重要性有哪些？
4. 居住区绿地的作用有哪些？

5. 居住区绿地的类型有哪些?

6. 居住区交通绿地的功能分类及专用术语有哪些?

1. 设计人员首先应该充分了解设计委托方的具体要求,有哪些愿望,对设计所要求的造价和时间期限等内容。从中确定哪些值得深入细致地调查和分析,哪些只要做一般的了解。

2. 根据任务书的内容进行基地调查,弄清与掌握居住区的等级、性质、功能、周围环境,以及投资能力基本来源、施工、养护技术水平等,然后综合研究,将总体与局部结合起来,做出切实、经济、合理的设计方案。

3. 调查结果用图片、表格或图解的方式表示。

学习活动 2　居住区绿地方案设计

1. 能理解居住区绿地设计主题的构思与确定;
2. 会进行居住区绿地基本形式的设计;
3. 能进行行道树绿带种植设计;
4. 能进行分车绿带绿化设计。

在对居住区绿地现状调查分析后,应该在方案设计之前先做出整个居住区的用地规划或布置,保证功能合理,尽量利用基地条件,使得各项内容各得其所,然后再分区块进行各局部景点的方案设计。因此,在居住区绿地方案设计中,要求:根据基地调查和分析得出的结果进行居住区绿地方案设计。形成方案构思图、平立剖面图、详图、局部效果图、方案鸟瞰图等。

一、居住区绿地规划设计内容与要点

(一)公共绿地规划设计

居住区公共绿地是居民日常游憩、观赏、娱乐、锻炼活动的良好场所,是居住区建设中不可缺少的,设计时以满足这些功能为依据。就居住区公共绿地而言,大致可分为居住区公园、小游园及住宅组团绿地三类,在规划设计时,要注意统一规划,合理组织,采取集中与分散,重点与一般相结合的原则,形成以中心花园为核心,道路绿化为网络,宅旁绿化为基础的点、线、面为一体的绿地系统。

1. 居住区公园—中心花园

中心花园是居住区公共绿地的主要形式，它集中反映了居住区绿地的质量水平，一般要求具有较高的规划设计水平和一定的艺术效果。在现代居住区中，集中的大面积的中心花园成为不可缺少的元素，这是因为：从生态的角度看，居住区的中心花园相对面积较大，有较充裕的空间模拟自然生态环境，对于居住区生态环境的创造有直接的影响；从景观创造的角度看，中心花园一般视野开阔，有足够的空间容纳足够多的景观元素构成丰富的景观外貌；从功能角度而言，可以安排较大规模的运动设施和场地，有利于居住区集体活动的开展；从居民心理感受而言，在密集的建筑群中，大面积的开敞场地则成为心灵呼吸的地方。因此，中心花园以其面积大、景观元素丰富，往往与公共建筑和服务设施安排在一起，成为居住环境中景观的亮点和活动的中心，是居住区生活空间的重要组成部分。同时，中心花园因其良好的景观效果、生态效益，也往往成为房地产开发的“卖点”。

中心花园设计时要充分利用地形，尽量保留原有绿化大树，布局形式应根据居住区的整体风格而定，可以是规则的，也可以是自然的、混合的或自由的。

(1)位置

中心花园的位置一般要求适中，使居民使用方便，并注意充分利用原有的绿化基础，尽可能和小区公共活动中心结合起来布置，形成一个完整的居民生活中心。这样不仅节约用地，而且能满足小区建筑艺术的需要。

中心花园的服务半径以不超过 300m 为宜。在规模较小的小区中，中心花园可在小区的一侧沿街布置或在道路的转弯处两侧沿街布置。当中心花园沿街布置时，可以形成绿化隔离带，能减弱干道的噪声对临街建筑的影响，还可以美化街景，便于居民使用。有的道路转弯处，往往将建筑物后退，可以利用空出的地段建设中心花园，这样，路口处局部加宽后，使建筑取得前后错落的艺术效果。同时，还可以美化街景。在较大规模的小区中，也可布置成几片绿地贯穿整个小区，居民使用更为方便。

(2)规模

中心花园的用地规模是根据其功能要求来确定的，然而功能要求又和整个人民生活水平有关，这些已反映在国家确定的定额指标上。目前新建小区公共绿地面积采用人均 1～2m^2 的指标。

中心花园主要是供居民休息、观赏、游憩的活动场所。一般都设有老人、青少年、儿童的游憩和活动等设施，但只有形成一定规模的集中的整块绿地，才能安排这些内容。然而又有可能将小区绿地全部集中，不设分散的小块绿地，造成居民使用不便。因此，最好采取集中与分散相结合，使中心花园面积占小区全部绿地面积的一半左右为宜。如小区为 1 万人，小区绿地面积平均每人 1～2m^2，则小区绿地约为 0.51ha 左右。中心花园用地分配比例可按建筑用地约占 30%以下，道路、广场用地约占 10%～25%，绿化用地约占 60%以上来考虑。

(3)内容安排

中心花园的入口：入口应设在居民的主要来源方向，数量 2～4 个，与周围道路、建筑结合起来考虑具体的位置。入口处应适当放宽道路或设小型内外广场以便集散。内可设花坛、假山石、景墙、雕塑、植物等作对景。入口两侧植物以对植为好，这样有利于强调并衬托入口设施。

场地：中心花园内可设儿童游戏场、青少年运动场和成人、老人活动场。场地之间可利用植物、道路、地形等分隔。

儿童游戏场的位置，要便于儿童前往和家长照顾，也要避免干扰居民，一般设在入口附近稍靠边缘的独立地段上。儿童游戏场不需要很大，但活动场地应铺草皮或选用持水性较小的砂质土铺地或海绵塑胶面砖铺地。活动设施可根据资金情况、管理情况而设，一般应设供幼儿活动的沙坑，旁边应设坐凳供家长休息用。儿童游戏场地上应种高大乔木以供遮阴，周围可设栏杆、绿篱与其他场地分隔开。

青少年运动场设在公共绿地的深处或靠近边缘独立设置，以避免干扰附近居民，该场地主要是供青少年进行体育活动的地方，应以铺装地面为主，适当安排运动器械及坐凳。

成人、老人活动场可单独设立，也可靠近儿童游戏场，在老人活动场内应多设些桌椅坐凳，便于下棋、打牌、聊天等。老人活动场一定要做铺装地面，以便开展多种活动，铺装地面要预留种植池，种植高大乔木以供遮阴。

除上面讲到的活动场地外，还可根据情况考虑设置其他活动项目，如文化活动场地等。

园路：中心花园的园路应能把各种活动场地和景点联系起来，使游人感到方便和有趣味。园路也是居民散步游憩的地方，所以设计的好坏直接影响到绿地的利用率和景观效果。园路的宽度与绿地的规模和所处的地位、功能有关，通常主路2～3m宽，可兼作成人活动场所，次路2m左右宽，根据景观要求园路宽窄可稍做变化，使其活泼。园路的走向、弯曲、转折、起伏，应随着地形自然地进行。通常园路也是绿地排除雨水的渠道，因此必须保持一定的坡度，横坡一般为1.5%～2.0%，纵坡为1.0%左右。当园路的纵坡超过8%时，需做成台阶。见图4-1。

扩大的园路就是广场，广场有三种类型：集散、交通和休息。广场的平面形状可规则、自然，也可以是直线与曲线的组合，但无论选择什么形式，都必须与周围环境协调。广场的标高一般与园路的标高相同，但有时为了迁就原地形或为了取得更好的艺术效果，也可高于或低于园路。广场上为造景多设有花坛、雕塑、喷水池等装饰小品，四周多设座椅、棚架、亭廊等供游人休息、赏景。

地形：中心花园的地形应因地制宜地处理，因高堆山，就低挖池，或根据场地分区、造景需要适当创造地形，地形的设计要有利于排水，以便雨后及早恢复使用。

园林建筑及设施：园林建筑及设施能丰富绿地的内容、增添景致，应给予充分的重视。由于居住区或居住小区中心花园面积有限，因此其内的园林建筑和设施的体量都应与之相适应，不能过大。

桌、椅、坐凳：宜设在水边、铺装场地边及建筑物附近的树荫下，应既有景可观，又不影响其他居民活动。

花坛：宜设在广场上、建筑旁、道路端头的对景处，一般抬高30～45cm，这样既可当坐凳又可保持水土不流失。花坛可做成各种形状，其上既可栽花，也可植灌木、乔木及草，还可摆花盆或做成大盆景。

水池、喷泉：水池的形状可自然可规则，一般自然形的水池较大，常结合地形与山体配合在一起；规则形的水池常与广场、建筑配合应用，喷泉与水池结合可增加景观效果并具有一定的趣味性。水池内还可以种植水生植物。无论哪种水池，水面都应尽量与池岸接近，以满足人们的亲水感（图4-2、图4-3）。

景墙：景墙可增添园景并可分隔空间。常与花架、花坛、坐凳等组合，也可单独设置。其上即可开设窗洞，也可以实墙的形式出现起分隔空间的作用（图 4-4）。

花架：常设在铺装场地边，既可供人休息，又可分隔空间。花架可单独设置，也可与亭、廊、墙体组合。

亭、廊、榭：亭一般设在广场上、园路的对景处和地势较高处。廊用来连接园中建筑物，既可供游人休息，又可防晒、防雨。榭设在水边，常作为休息或服务设施用。亭与廊有时单独建造，有时结合在一起。亭、廊、榭均是绿地中的点景、休息建筑。

山石：在绿地内的适当地方，如建筑边角、道路转折处、水边、广场上、大树下等处可点缀些山石，山石的设置可不拘一格，但要尽量自然美观，不露人工痕迹。

栏杆、围墙：设在绿地边界及分区地带，宜低矮、通透，不宜高大、密实，也可用绿篱代替。

挡土墙：在有地形起伏的绿地内可设挡土墙。高度在 45cm 以下时，可当坐凳用。若高度超过视线，则应做成几层，以减小高度。还有一些设施如园灯、宣传栏等，应按具体情况配置。

图 4-1　中心花园园路

图 4-2　中心花园规则式水景

图 4-3　中心花园自然式水景

图 4-4　中心花园景墙

植物配植：在满足居住区或居住小区中心花园游憩功能的前提下，要尽可能地运用植物的姿态、体形、叶色、高度、花期、花色以及四季的景观变化等因素，来提高中心花园的园林艺术效果，创造一个优美的环境。绿化的配置，一定要做到四季都有较好的景致，适当配置乔灌木、花卉和地被植物，做到黄土不露天。

2. 居住小区公园

居住小区公园也称小游园，小游园更接近居民，一般 1 万人左右的小区可有一个大于

0.5ha 的小游园,服务半径不超过 400m 为宜。小游园仍以绿化为主,多设些座椅让居民在这里休息和交往,适当开辟铺装地面的活动场地,也可以有些简单的儿童游戏设施(图 4-5、图 4-6)。

图 4-5　小游园活动场地

图 4-6　小游园景观设施

(1)居住小区公园规划设计要点

配合总体,小游园应与小区总体规划密切配合,综合考虑全面安排,并使小游园能妥善地与周围城市园林绿地衔接,尤其要注意小游园与道路绿化衔接。

位置适当,应尽量方便附近地区的居民使用,并注意充分利用原有的绿化基础,尽可能与小区公共活动中心结合起来布置,形成一个完整的居民生活中心。

规模合理,小游园用地规模可根据其功能要求来确定,在国家规定的指标上,采用集中与分散相结合的方式,使小游园面积占小区全部绿地面积的一半左右为宜。

布局紧凑,应根据游人不同年龄特点划分活动场地和确定活动内容,场地之间既要分隔,又要紧凑,将功能相近的活动布置在一起。

利用地形,尽量利用和保留原有的自然地形及原有植物。

(2)居住小区公园规划布置形式

规则式:采用几何图形布置方式,有明显的轴线,园中道路、广场、绿地、建筑小品等组成对称有规律的几何图案。具有整齐、庄重的特点,但形式较呆板,不够活泼。

自由式:布置灵活,采用曲折迂回道路、可结合自然条件如冲沟、池塘、山岳、坡地等进行布置,绿化种植也采用自然式。特点是自由、活泼,易创造出自然而别致的环境。

混合式:规则式与自由式结合,可根据地形或功能的特点,灵活布局,既能与四周建筑相协调，又能兼顾其空间艺术效果，特点是可在整体上产生韵律感和节奏感。

3. 住宅组团绿地

(1)位置

住宅组团的布置方式和布局手法多种多样，组团绿地的大小、位置和形状也是千变万化的，根据组团绿地在住宅组团内的相对位置，可归纳为以下几个类型。

周边式住宅之间：环境安静有封闭感，大部分居民都可以从窗内看到绿地，有利于家长照看幼儿玩耍，但噪声对居民的影响较大。由于将楼与楼之间的庭院绿地集中组织在一起，所以建筑密度相同时，可以获得较大面积的绿地。

行列式住宅山墙间：行列式布置的住宅，对居民干扰少，但空间缺少变化，容易产生单调感。适当拉开山墙距离，开辟为绿地，不仅为居民提供了一个有充足阳光的公共活动空间，而且从构图上打破了行列式山墙间所形成的胡同的感觉，组团绿地的空间又与住宅间绿地相互渗透，产生较为丰富的空间变化。

扩大住宅的间距：在行列式布置中，如果将适当位置的住宅间距扩大到原间距的 1.5～2 倍，就可以在扩大的住宅间距中，布置组团绿地，并可使连续单调的行列式狭长空间产生变化。

住宅组团的一角：在地形不规则的地段，利用不便于布置住宅的角隅空地安排绿地，能起到充分利用土地的作用，但服务半径较大。

两组团之间：由于受组团内用地限制而采用的一种布置手法，在相同的用地指标下绿地面积较大，有利于布置更多的设施和活动内容。

一面或两面临街：绿化空间与建筑产生虚实、高低的对比，可以打破建筑线连续过长的感觉，还可以使过往群众有歇脚之地。

自由式布置：在住宅组团呈自由式布置时，组团绿地穿插配合其间，空间活泼多变，组团绿地与宅旁绿地配合，使整个住宅群面貌显得活泼。

由于组团绿地所在的位置不同，它们的使用效果也不同，对住宅组团的环境影响也有很大区别。从组团绿地本身的使用效果来看，位于山墙和临街的绿地效果较好。

(2)布置方式

开敞式：可供游人进入绿地内开展活动。

半封闭式：绿地内除留出游步道、小广场、出入口外，其余均用花卉、绿篱、稠密树丛隔离开。

封闭式：一般只供观赏，而不能入内活动。

从使用与管理两方面看，半封闭式效果较好。

(3)内容安排

组团绿地主要设置有绿化种植、安静休息和一些小品建筑或活动设施。具体内容要根据居民活动的需要来安排，是以绿化为主，还是以游憩为主，以及在居住区内如何分布等，均要遵循小区总体规划设计(图 4-7～图 4-9)。

绿化种植部分：此部分常在周边及场地间的分隔地带，其内可种植乔木、灌木和花卉，铺设草坪，还可设置花坛，亦可设棚架种植藤本植物、置水池植水生植物。植物配置要考虑造景及使用上的需要，形成有特色的不同季相的景观变化及满足植物生长的生态要求。如铺装场地上及其周边可适当种植落叶乔木为其遮阴；入口、道路、休息设施的对景处可丛植开花灌木或常绿植物、花卉；周边需障景或创造相对安静空间地段则可密植乔、灌木，或设置中高绿篱。组团绿地内应尽量选用抗性强、病虫害少的植物种类。

安静休息部分：此部分一般也作老人闲谈、阅读、下棋、打牌及练拳等设施场地。该部分应设在绿地中远离周围道路的地方，内可设桌、椅、坐凳及棚架、亭、廊建筑作为休息设施，亦可设小型雕塑及布置大型盆景等供人静赏。

图 4-7　组团绿地中体育活动区

图 4-8　组团绿地中游憩活动区

图 4-9　组团绿地中儿童活动区

（二）公共建筑及设施专用绿地设计

居住区配套公建所属专用绿地的规划布置，首先应满足其本身的功能需要，同时应结合满足周围环境的要求。各类公建专用绿地规划设计要点如下：

（1）医疗卫生用地，包括医院、门诊等，设计中注重使半开敞的空间与自然环境（植物、地形、水面）相结合，形成良好的隔离条件。其专用绿地应做到阳光充足，环境优美，院内种植花草树木，并设置供人休息的座椅，道路设计中采用无障碍设施，以适宜病员休息、散步。同时，医院用地应加强环境保护，利用绿化等措施防止噪声及空气污染，以形成安静、和谐的气氛，消除病人的恐惧和紧张的心理。该用地内树种宜选用树冠大、遮阴效果好、病虫害少的乔木、中草药及具有杀菌作用的植物。

（2）文化体育用地，包括电影院、文化馆、运动场、青少年之家等，此类公建用地多为开敞空间，设计中可令各类建筑设施呈辐射状与广场绿地直接相连，使绿地广场成为大量人流集散的中心。用地内绿化应有利于组织人流和车流，同时要避免遭受破坏，为居民提供短时间休息及交往的场所。用地内应设有照明设施、条凳、果皮箱、广告牌、座椅等小品设施，并以坡道代替台阶，同时要设置公用电话及公共厕所。绿化树种宜选用生长迅速、健壮、挺拔、树冠整齐的乔木，运动场上的草皮应用耐修剪、耐践踏、生长期长的草类。

(3)商业、饮食、服务用地，包括百货商店、副食店、饭店、书店等，为了给居民提供舒适、便利的购物环境，此类用地宜集中布置，形成建筑群体，并布置步行街及小型广场等。该用地内的绿化应能点缀并加强其商业气氛，并设置具有连续性的、有特征标记的设施及树木、花池、条凳、果皮箱、电话亭、广告牌等。用地内的绿化应根据地下管线埋置深度，选择深根性树种，并根据树木与架空线的距离选择不同树冠的树种。

(4)教育用地，如幼托、中学、小学等，此类用地应相对围合，设计中应将建筑物与绿化、庭园相结合，形成有机统一、开敞而富于变化的活动空间。校园周围可用绿化与周围环境隔离，校园内布置操场、草坪、文体活动场地，有条件的可设置小游园及生物实验园地等，另外，可设置游戏设施、沙坑、体育设施、座椅、休息亭廊、花坛等小品，为青少年及儿童提供拥有轻松、活泼、幽雅、宁静的气氛和环境，促进其身心健康和全面发展，该用地绿化应选择生长健壮、病虫害少，管理粗放的树种。

(5)行政管理用地，包括居委会、街道办事处、房管所、物业管理中心等。设计中可以通过乔、灌木的种植将各孤立的建筑有机地结合起来，构成连续围合的绿色前庭，利用绿化弥补和协调各建筑之间在尺度、形式、色彩上的不足，并缓和噪声及灰尘对办公的影响，从而形成安静、卫生、优美的工作环境。用地内可设置简单的文体设施和宣传画廊、报栏，以活跃居民业余文化生活，绿化方面可栽植庭荫树及多种果树，树下种植耐阴经济植物，并利用灌木、绿篱围成院落。

(6)其他公建用地，如垃圾站、锅炉房、车库等。此类用地宜构成封闭的围合空间，以利于阻止粉尘向外扩散，并可利用植物作屏障，减少噪声，控制外部人们的视线，而且不影响居住区的景观环境。此类用地应设置围墙及树篱、藤蔓等，绿化时应选用对有害物质抗性强，能吸收有害物质的树种，种植枝叶茂密、叶面多毛的乔、灌木，墙面、屋顶采用爬蔓植物绿化。

(三)宅旁绿地和庭园绿地设计

宅旁绿地和庭园绿地是居住区绿化的基础，占居住区绿地面积的50%左右，包括住宅建筑四周的绿地、前后两幢住宅之间的绿地、住宅建筑本身的绿化和底层单元小庭园等。它的主要功能是美化居住生活环境，阻挡外界视线、噪声和灰尘，为居民创造一个安静、舒适、卫生的生活环境。

其绿地布置应与住宅的类型、层数、间距及组合形式密切配合，既要注意整体风格的协调，又要保持各幢住宅之间的绿化特色。宅旁绿地一般不设计过多的硬质园林景观，而主要以园林植物进行布置，当宅间绿地较宽，达到20m以上时，可布置一些简单的园林设施，如小场地、园路、坐凳、花架等，以供居民休息游憩使用。

1. 住户小院的绿化

(1)底层住户小院：低层或多层住宅，一般结合单位平面，在宅前自墙面向外留出3m距离的空地，给底层每户安排一专用小院，可用绿篱、花墙或栅栏围合起来。小院外围绿化作统一规划，内部则由每家自己栽花种草，布置方式和植物品种随住户喜好，但由于面积较小，宜采取简洁的布置方式。

(2)独户庭院：别墅庭院是独户庭院的代表形式，院内应根据住户的喜好进行绿化、美化。由于庭院面积相对较大，可在院内设小水池、草坪、花坛、山石，搭花架缠绕藤萝，种植观赏花木或果树，形成较为完整的绿地格局。

2. 宅间活动场地的绿化

宅间活动场地属半公共空间，主要为幼儿活动和老人休息之用，其绿化的好坏，直接影响到居民的日常生活。宅间活动场地的绿化类型主要有(图 4-10～图 4-13)：

(1)树林型：是以高大乔木为主的一种比较简单、粗放的绿化形式，对调节小气候的作用较大，大多为开放式。居民在树下活动的面积大，但由于缺乏灌木和花草搭配，因而显得较为单调。高大乔木与住宅墙面的距离至少应在 5～8m，以避开铺设地下管线的地方，便于采光和通风，避免树上的病虫害侵入室内。

(2)游园型：当宅间活动场地较宽时(一般在 30m 以上)，可在其中开辟园林小径，设置小型游戏和休息园地，并组合配植层次、色彩都比较丰富的乔木和花灌木，是一种宅间活动场地绿化的理想类型，但所需资金较大。

(3)棚架型：是一种效果独特的宅间活动场地绿化类型，以棚架绿化为主，其植物多选用紫藤、炮仗花、珊瑚藤等观赏价值高的攀缘植物。

(4)草坪型：以草坪绿化为主，在草坪的边缘或某一处种植一些乔木或花灌木，形成疏朗、通透的景观效果。

图 4-10　树林型宅间绿地

图 4-11　游园型宅间绿地

图 4-12　棚架型宅间绿地

图 4-13　草坪型宅间绿地

3. 住宅建筑本身的绿化

住宅建筑本身的绿化包括架空层、屋基、窗台、阳台、墙面、屋顶绿化等几个方面，是宅旁绿化的重要组成部分，它必须与整个宅旁绿化和建筑的风格相协调。

(1)架空层绿化：在近些年新建的居住区中，常将部分住宅的首层架空形成架空层，并通过绿化向架空层里渗透，形成半开放的绿化休闲活动区。这种半开放的空间与周围较开放的室外绿化空间形成鲜明对比，增加了园林空间的多重性和可变性，既为居民提供了可遮风挡雨的活动场所，也使居住环境更富有透气感。

架空层的绿化设计与一般游憩活动绿地的设计方法类似，但由于环境较为阴暗且受层高所限，因此，在植物品种的选择方面应以耐阴的小乔木、灌木和地被植物为主，园林建筑、假山等也一般不予以考虑，只是适当布置一些与整个绿化环境相协调的景石、园林建筑小品等。

(2)屋基绿化：屋基绿化是指墙基、墙角、窗前和入口等围绕住宅周围的基础栽植。

墙基绿化：在垂直的建筑墙体与水平的地面之间以绿色植物作为过渡，使建筑物与地面之间增添一些绿色，如种植八角金盘、铺地柏、红叶小檗、凤尾竹、南天竹等，打破墙基呆板、枯燥、僵硬的感觉。见图 4-14。

图 4-14 墙基绿化

墙角绿化：墙角种小乔木、竹或灌木丛，形成墙角的“绿柱”、“绿球”，可打破建筑线条的生硬感觉。如种植凤尾竹、芭蕉、胶东卫矛球、锦带花、紫薇等植物。

窗前绿化：窗前绿化对于室内采光、通风，防止噪声、视线干扰等方面起着相当重要的作用。其配植方法也是多种多样的，如“移竹当窗”手法的运用，竹枝与竹叶的形态常被喻为清雅、刚健、潇洒，宜种于居室外，特别适合于书房的窗前；又如有的在距窗前 1～2m 处种一排花灌木，高度遮挡窗户的一小半，形成一条窄的绿带，既不影响采光，又可防止视线干扰，开花时节还能形成五彩缤纷的效果；再如有的窗前设花坛、花池，使路上行人不致临窗而过。见图 4-15。

图 4-15 窗前绿化

入口绿化：在住宅入口处，多与台阶、花台、花架等相结合进行绿化配植，形成各住宅入口的标志，也作为室外进入室内的过渡，有利于消除眼睛的光感差，或兼作“门厅”之用。

(3)窗台、阳台绿化：窗台、阳台绿化是人们在楼层室外与外界自然接触的媒介，这不仅能使室内获得良好景观，而且也丰富了建筑立面造型并美化了城市景观。阳台有凸、凹、半凸半凹三种形式，所得到的日照及通风情况不同，也形成了不同的小气候，这对于选择植物有一定的影响。要根据具体情况选择不同习性的植物。种植物的部位有三种：一是阳台板面，应根据阳台面积的大小，选择植株的大小，但一般植物可稍高些，种植阔叶植物从室内观看效果更好。阳台的绿化可以形成小“庭院”的效果。其二是置于阳台拦板上部，可摆设盆花或设槽栽植，此外不宜植太高的花卉，因为这有可能影响室内的通风，也会因放置得不牢发生安全问题。这里设置花卉可成点状、线状。三是沿阳台板向上一层阳台成攀缘状种植绿化，或在上一层板下悬吊植物花盆成“空中”绿化，这种绿化能形成点、线甚至面的绿化形态，无论从室内或是从室外看都富有情趣，但要注意不要满植，以免绿化封闭了阳台。

窗台绿化一般用盆栽的形式以便管理和更换。根据窗台的大小，一般要考虑置盆的安全问题，另外窗台处日照较多，且有墙面反射热对花卉的灼烤，故应选择喜阳耐旱的植物。

无论是阳台还是窗台绿化都要选择叶片茂盛、花美色艳的植物，才能使其在空中引人注目。另外还要使花卉与墙面及窗户的颜色、质感形成对比，相互衬托。

(4)墙面绿化和屋顶绿化：在城市用地十分紧张的今天，进行墙面和屋顶的绿化，即垂直绿化，无疑是一条增加城市绿量的有效途径。墙面绿化和屋顶绿化不仅能美化环境、净化空气、改善局部小气候，还能丰富城市的俯视景观和立面景观。

(四)道路绿地规划设计

居住区道路绿地是居住区绿地系统的有机组成部分，它作为“点、线、面”绿化系统中“线”部分，起到连接、导向、分割、围合等作用。同时，道路绿化亦能为居住区与庭院疏导气流，传送新鲜空气，改善居住区环境的小气候条件。道路绿化还有利于行人与车辆的遮阳，保护路基，美化街景，增加居住区绿地面积和绿化覆盖率。

居住区内道路分为：居住区(级)道路、小区(级)道路、组团(级)道路和宅间小路四级，居住区内的道路用地面积一般占居住用地总面积的8%～15%，它们联系着住宅建筑、居住区各功能区、各出入口，是居民日常生活和散步休息的必经通道，是居住区开放空间系统的重要部分，在构成居住区空间景观、生态环境方面具有非常重要的作用。

1. 居住区(级)道路

居住区(级)道路是联系各小区及居住区内外的主要道路，除了人行外，有的还通行公共汽车，车辆交通比较频繁，两边应分别设置非机动车道及人行道，并应设置一定宽度的绿地，种植行道树和草坪花卉。按各组成部分的合理宽度，居住区(级)道路红线宽度不宜小于20m，有条件的地区宜采用30m，机动车道与非机动车道在一般情况下可采用混行方式。行道树的栽植要考虑行人的遮阴及不妨碍车辆的运行，在道路交叉口及转弯处要依照道路安全三角视距的要求进行植物配置，绿化不要影响行驶车辆的视线。

居住区(级)道路通常路幅较宽，可按照城市街道绿化形式进行布置，规模大的居住区主干道绿化形式采用三板四带式居多，中小规模居住区通常采用一板两带式和两板三带式布置形式。

2. 小区(级)道路

小区(级)道路是联系小区各部分之间的道路,以非机动车和人行交通为主,不能引进公共电车等,一般采用人车混行方式,路面宽6~9m。建筑控制线之间的宽度,需布设供热管线的不宜小于14m,无供热管线的不宜小于10m。行驶的车辆虽较主干道为少,但绿化布置时,仍要考虑交通的要求。当道路与居住建筑距离较近时,要注意防尘隔声。次干道还应满足救护、消防、运货、清除垃圾及搬运家具等车辆的通行要求,当车道为尽端式道路时,绿化还需与回车场地结合,使活动空间自然优美(图4-16)。

3. 组团(级)道路

组团(级)道路是进出组团的主要通道,一般以非机动车和人行交通为主,路幅与道路空间尺度较小,路面宽3~5m。一般不设专用道路绿化带,绿化与建筑的关系较为密切。在组团道路两侧绿地中进行绿化布置时,常采用绿篱、花灌木、色带色块等强调道路空间,形成林荫小径,减少交通对住宅建筑和绿地环境的影响(图4-17)。

图4-16 小区(级)道路绿化

图4-17 组团(级)道路绿化

4. 住宅小路

居住区住宅小路是联系各住户或各居住单元门前的小路,主要供人行。绿化布置时,道路两侧的种植宜适当后退,以便必要时急救车和搬运车等可驶入住宅区。有的步行道路及交叉口可适当放宽,与休息活动场地结合。路旁植树不必都按行道树的方式排列种植,可以断续、成丛地灵活配置,与宅旁绿地、公共绿地布置配合起来,设置小景点,形成一个相互关联的整体(图4-18)。

二、居住区绿化设计的植物选择和配置

居住区绿地的植物配置是构成居住区绿化景观的主题,它不仅能保持水土、改善环境,满足居住功能等要求,而且还能美化环境,满足人们游憩的要求。居住区绿化时植物的选择和配置还应该以生态园林的理论为依据,模拟自然生态环境,让自然界的气息融进人们的居住空间中,利用植物生理、生态指标及园林美学原理,进行植物配置,创造复层结构,保持植物群落在空间、时间上的稳定与持久。

园林植物是现代生态园林建设的重要构成要素之一,它具有鲜明的时空节奏,独立的景观表现。园林植物配置就是将园林植物材料进行科学的、艺术的组合,以满足园林各功能和审美的要求,创造出生机盎然的园林境域(图4-19)。欧阳修《谢判官幽谷种花》云:“浅深红

图 4-18　住宅小路绿化

白宜相间，先后仍须次第栽；我欲四时携酒去，莫教一日不花开”，道出了园林内栽植花木，犹如诗篇之应具韵律，并与环境取得调和，不容草率从事。

（一）植物选择

（1）居住区内骨干树种宜选择生长健壮、姿态优美、少病虫害、有地方特色的优良乡土树种。

（2）在公共绿地的重点地段，注意选择姿态优美、枝繁叶茂、花团锦簇的乔木、花灌木以及名贵花木，形成优美的景观效果。

（3）在房前屋后光照不足地段，注意选择耐阴植物，在院落围墙和建筑墙面，注意选择攀缘植物，进行垂直立体绿化。

（4）在儿童活动区周边，注意选择无针刺、无飞毛、无毒无刺激等的树种。

（5）适当配植一些鸟嗜植物和蜜源植物，以吸引动物和微生物，创造人与自然和谐共存的居住环境。

（二）植物配置

1. 因地制宜，适地适树

要使园林植物的生态习性和栽培条件基本适应，以保证植物的成活和正常生长。植物选择应以乡土树种为主，引种成功的外地优良植物为辅，根据功能与造景要求合理配置其他植物，这样不但经济，而且成活率高，还可以充分显示出居住区的地方特色。

2. 远近结合，创造相对稳定的植物群落

植物的选择和配置应掌握速生植物与慢长植物相搭配，以解决远近期的过渡问题，但配置时要注意不同树种的生态要求，使之成为稳定的植物群落；从长远效益考虑，根据成年植物冠幅大小决定种植距离，如想在短期内取得良好的绿化效果，可适当密植，在一定时期予以移栽或间伐。

3. 符合居住区绿地的性质和使用功能要求

进行园林植物的选择和配置时，要从居住区绿地的性质和主要功能出发。作为居住区绿地，其主要功能是蔽荫、观赏、休憩、活动，改善小区的小气候，所以在各类绿地中要选择相应的植物，如休憩小广场区就选择树冠荫浓，树型美观的树种，观赏花圃区就宜选择开花繁茂的花灌木、地被等植物。

居住区绿地内往往建有花架、廊、亭、景、墙、坐凳等小型建筑和设施，这些单调的建筑设施，需用绿色植物加以综合协调和美化。如花架用紫藤、爬山虎、山养麦等攀缘植物处理，廊亭周围可采用丛植、孤植等手法，错落有致地配置黄杨球、雪松、白皮松、金叶女贞等常绿植物和合欢、银杏、紫叶李、月季等，以增加绿地内的空间层次。景墙起着分隔和小区标志两种作用，景墙前用低矮的瓜子黄杨、洒金柏、红叶小檗等规则式布置，前者整洁美观，后者洒脱、自然、精致。设在路边的坐凳旁，可适当配置一两株垂柳、云杉等落叶或常绿乔木，用以遮阴和创造一种幽静的环境；铺装场地边设的坐凳背后，用桧柏等高绿篱加以分隔，也可设置花台，栽植月季、红叶小檗、地被菊等开花灌木或栽四季露地宿根花卉，用以美化周围环境，使绿地内保持安静。

4. 满足小区居民审美功能的要求

首先要与总体布局及周围的建筑物相协调，因地造景，因势造景。其次，意境要明确，且具有诗情画意。根据园林植物的特性和人们赋予植物不同的品格、个性进行植物配置，可以表现出鲜明的意境。以花木、山石、地被相结合，自然错落的布局手法，形成一幅生动的立体图画。第三，要做到变化与统一相协调。园林植物配置，既要丰富多彩，又要防止杂乱无章。应当从大处着眼，进行总体规划，确定主题思想，然后进行具体设计，形成多样而统一的整体。做到主次分明，高低搭配相结合，使得层次分明，主题突出。第四，充分利用植物的色、香、姿、韵等特色及时空变化规律创造美的境域。

5. 体现植物的季相变化

居住区是居民一年四季生活、憩息的环境，植物配置应该有四季的季相变化，使之同居民春夏秋冬的生活规律同步。但居住区绿地不同于公园绿地，面积较小，而且单块绿地面积更小，如果在一小块绿地中要体现四季变化，势必会显得杂乱、繁琐，没有主次，没有特色。所以植物的季相变化配置，应尽可能结合居住区绿地的地形地貌、景观要素、建筑小品等设计，如在小区水景周边栽植春季开花的碧桃、榆叶梅、迎春等植物，营造桃红柳绿的春色景观。在地形起伏较大的丘陵区域栽植银杏、栾树、火炬树、黄栌等秋色叶树种，营造层林尽染的秋色景观。

6. 绿地空间处理

居住区除了中心绿地以外，其他大部分都是住宅前后，其布局大都以行列式为主，形成了平行、等大的绿地，狭长空间的感觉非常强烈。为此，植物配置时，可以充分利用植物的不同组合，形成不同大小的空间。另外，植物与植物组合时，应避免空间的琐碎，力求形成整体效果。

7. 线形变化

由于居住区绿地内平行的直线条较多，如道路、绿地侧石、围墙、居住建筑等，因此植物配置时，可以利用植物林缘线的曲折变化、林冠线的起伏变化等手法，使平行的直线条内融进曲线。

8. 块面效果

植物与植物搭配时，根据生态园林观点，不仅要有上层、中层、下层植物，而且要有地被植物，使之黄土不见天，形成一个饱满的植物群落。而在这一群落的每一种植物，必须达到一定的数量，形成一个块面效果，植物的种类不宜过多，而开花、矮小、耐修剪的花灌木应占较大的比例。如郁李、火棘、六月雪、海桐、贴梗海棠、木瓜海棠、天竺、杜鹃、月季、黄馨、夹竹桃、桂花等，当这些植物开花时，使之形成各种颜色的大色块。但要注意的是，不能盲目追求块面效果而不顾植物生长规律和工程造价，导致植物生长不良和资金浪费。见图 4-19。

图 4-19　住宅小区植物配置

居住区规划设计实例

馨苑花厅景观设计方案说明

一、 景观设计目标

创造一个更加健康、生机勃勃的居住环境，一个更加安全、有效、富有成果的生活方式，一个能满足人的体验和感觉的人性化的空间。是我们做居住区景观设计的中心目标所在。

二、 景观设计主题

该景观设计的主题为"绿"、"地"、"人"。

"绿"即绿地，是居住区环境设计中的重要元素，在该景观设计中利用现有的高差加以变化，做成高低起伏的绿坡，大面积的绿地按覆土的深度，种植不同种类的园林植物。

"地"即土地，包括人行步道林荫小道、广场铺地等，并借鉴日本"枯山水"造景，让人们在绿色环抱中享受一种回归自然的情趣。

"人"即居民，是景观环境的使用者，任何设计理念都是以人为本，该景观设计也不例外。所有的景观设计做到让人亲近绿色，亲近大地、亲近自然便显得尤为重要。

"绿"、"地"、"人"三者构成了本景观设计德精髓，通过三者对于景观环境的独特作用，在设计中利用点、线、面等景观要素的有机结合，营造出具有不同特色和意境的景点，为居民创造出优美多姿的生态环境。

三、景观设计方案

整体设计吸取晋城民居建筑的元素，加以提炼，再以现代的手法和材料加以诠释，从而更好展现城市特点和小区特色。

（1）入口

为小区主入口广场部分，门卫结合小区标识设计。

（2）蕉林夜雨

为多功能体育活动场和趣味健身步道，以植物造景为主，栽植大片美人蕉，配以乔、灌木的栽植，给人以轻松愉悦之感，组合的花架廊则又为人们提供了活动、游憩、遮荫的空间。

（3）竹影斜斜

方案1:

车库入口的侧墙加以装饰，用页岩饰面，利用高差作跌水，池中植几丛青竹，水、青竹、石材三种不同的材质展现现代极简主义造园的美。

方案2

将台阶做成跌水台阶，水由上跌落台下，其上再作木栈道，临架于水上。两通风井之间设计景观水槽，结合高差作景墙，景墙上设吐水兽，增加趣味性。

(4) 砂石情缘

利用日本"枯山水"设计手法，散铺沙石，放置景石，创造一处趣味、思考的空间。广场上设一景观木亭，供居民聚会、休憩、读书。

（5）石径寻芳

趣味汀步将人们引入一处繁华似锦的植物造景区。

（6）对弈园

作为一处智慧者安静休闲的一个区域，也是老人活动区，该区设置在了一个环境清幽的地方，设一组景墙具有晋城民居建筑的元素、树下的石桌椅都是老人们的休闲之处。

（7）童趣乐园

位于幼儿园的外环境区域，它是学龄前儿童的活动场地，属于一个半封闭空间，软软的沙地与趣味性的铺地以及一些游乐设施都是儿童所喜欢的。在场地边的树荫下设置的座椅是为照顾小孩的成人所设计的，这样在成人休息的同时儿童的活动也在成人有效的视线范围内。

（8）少儿植物园

为一小型植物园，作为一个小小的科普场所，让儿童从小认识植物、爱护植物。

四、植物景观设计

由于栽植条件有限，在植物品种的选择上以本地乡土、浅根性植物为主，乔木和灌木的选择上，采用节水型、管理粗放型植物，地被采用多年生宿根花卉。

注重观赏花木与遮荫乔木相结合，常绿树种为基调，层次变化的群落栽植，季象相变化的色彩设计，利用多层混交林，形成林中小气候，展现"春媚"、"夏青"、"秋香"、"冬瑞"四季交替、轮回变化的美景。

备选植物:

常绿树:

雪松（Cedrus deodata Loud.）华山松(Pinus armandi Franch)、白皮松

[01]

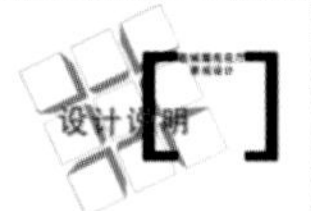

(Pinus bungean Zucc.exEndl)、油松(Pinus tabuaeformis Carr.)、桧柏（Sabina chinensis L.）、铺地柏（Sabina procumbens Endl）等.

落叶乔木:

银杏（Ginkgo biloba L.）、新疆杨(Populus bolleana Lauche.)、垂柳（Salix babylonica L.）、桑树（Morus alba L.）、、玉兰（Magnolia denudate Desr.）、紫玉兰（Magnolia lilifloraDesr.）、杜仲（Eucommia ulmoides Oliv）、山楂（Crataegus pinnatifida Bge.）、西府海棠（Malus spectabilis Borkh.）、垂丝海棠（Malus halliana Koehne）、紫叶李（Prunus cerasifera cv.Pissardii）、碧桃（Prunus mume Sieb et Zucc ）、樱花（Prunus serrulata Lindi）、合欢（Albizzia julibrissin Durazz）、国槐（Sophora Japonica L.）、元宝枫（Acer truncatum Bge.）、栾树（Koelreutreia panliculata Laxm.）、梓树（Catapla ovata Don）、日本红枫等.

落叶灌木:

牡丹（Paeonia suffruticosa Andr.）、、金山绣线菊（Spiraea X Bumalda cv.Gold Mound）、水荀子（Cotoneaster multiflorus Bge.）、玫瑰（Rosa rugosa Thunb.）、月季（Rosa chinensis Jacq.）、、榆叶梅（Prunus triloba Linl.）、木槿（Hibiscus syriacus Linn.）、紫薇（Lagerstroemia indica L.）、红瑞木（Cornus alba L.）、连翘（Forsyhia suspense Vahl）、华北紫丁香（Syringa oblate Lindl. ）、迎春（Jasminum nudif lorum Lindl.）、锦带花（Weigela florida A.DC）、金银木（Lonicera maackii.Maxim）、天目琼花（Viburnun Crandberrybuch.Sargent Viburnum）等.

花卉及地被:

菊花（Dendranthema morifolium Tzvael）、黑心菊（Rudbeckia hirta L.）、翠菊（Callistephus chinensis Ness. ）、矮牵牛（Petunia hybrida Vilm）、宿根福禄考（Phlox paniculata Linn）、芙蓉葵（Hibiscus moscheutos Linn.）、景天（Sedum sarmentosum Bunge.）、八宝景天（Sedum spectabile Boreau.）、 芍药（Paeonia lactiflora Pall.）、睡莲（Nymphaea tetragona Georgi.）、石竹（Dianthus chinensis L.）、玉簪（Hosta plantaginea Aschers.）、萱草（Hemerocallis fulva L.）、鸢尾（Iris tectorum Maxim.）、美人蕉（Canna indica L.）等.

五、夜景照明规划

夜景照明规划设计应当与空间的大小，形状，周围环境等结合，采用投光照明，轮廓照明，内透光照明，特种照明等来烘托照明气氛，并始终为人和所需要的景观空间服务。

对于重要景区，采用泛光灯，轮廓灯和内透光的照明手法，突出整个景区的特色，再用局部投光 突出重点段的细部。景点的夜景照明功能和装饰功能并重，宜采用高杆照明灯具。

道路的夜景照明采用简洁明快的卤素灯或高压钠灯，突出明快优美的效果。

[02]

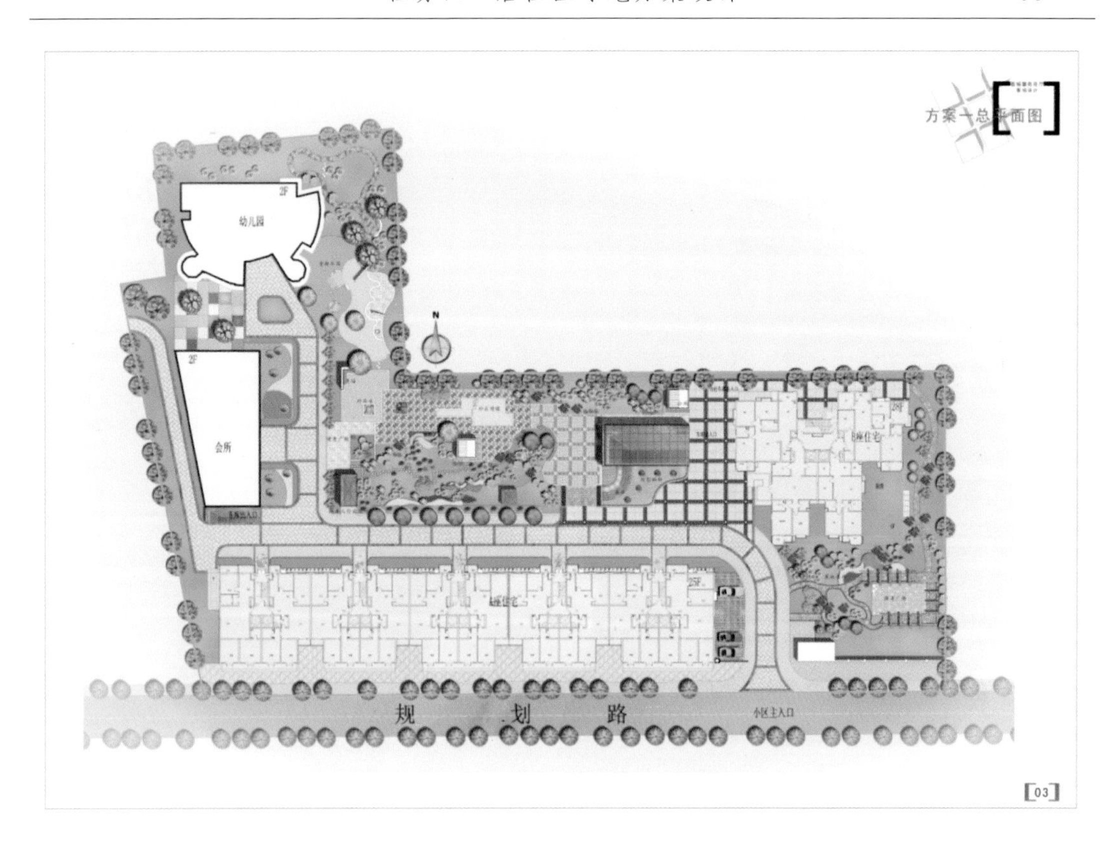

方案一总平面图
幼儿园
2F
会所
规划路
小区主入口
03

方案一鸟瞰图
04

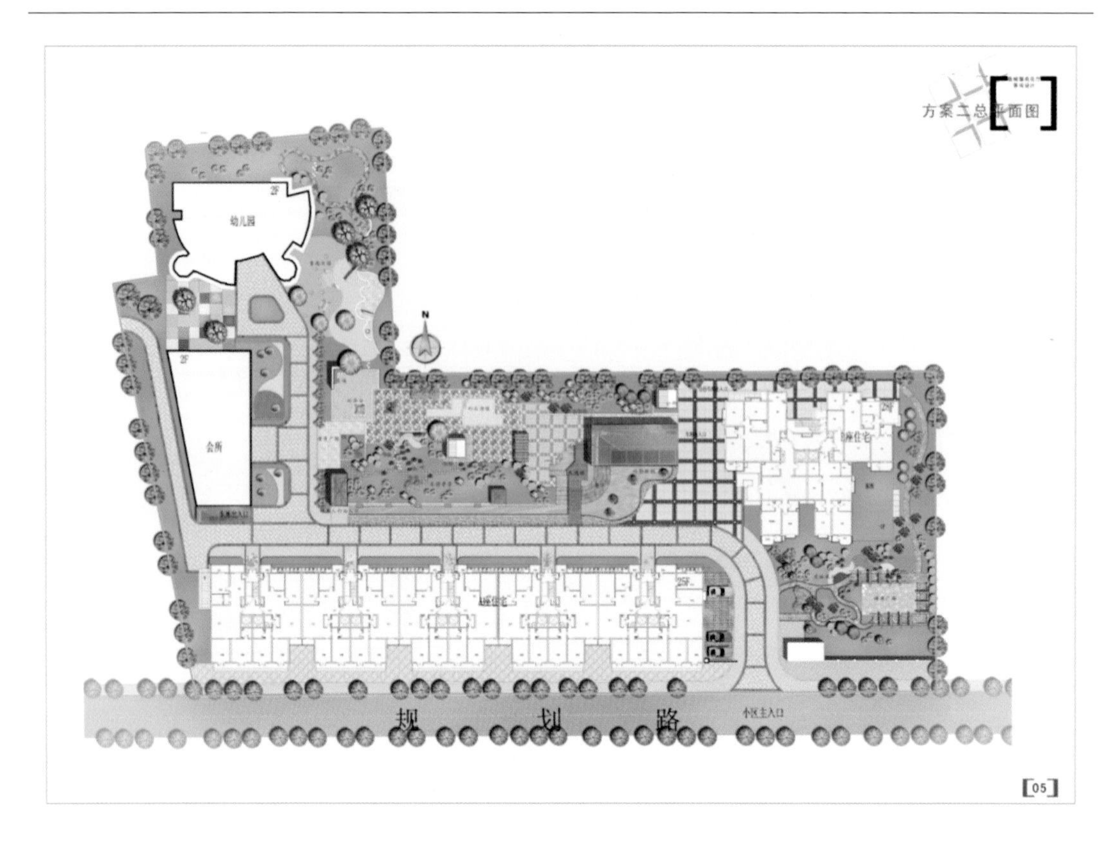
幼儿园
会所
规 划 路
小区主入口
05

06

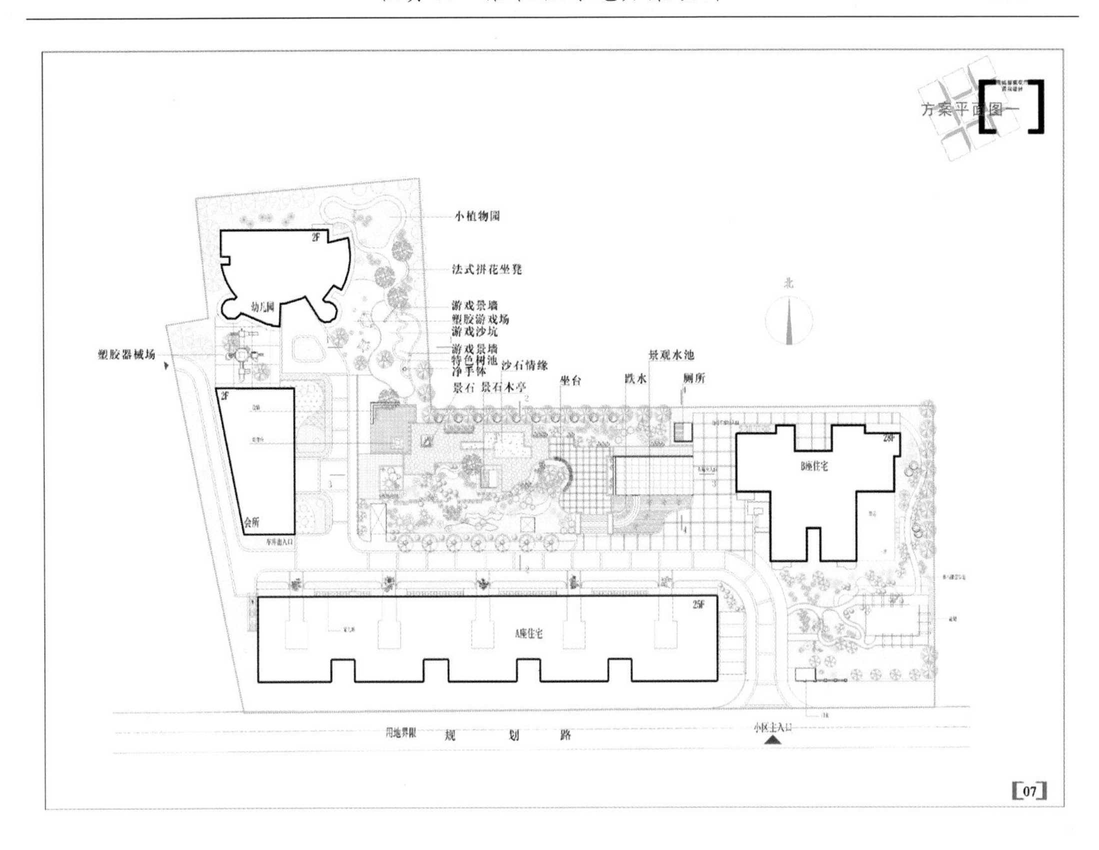
方案平面图一
小植物园
法式拼花坐凳
幼儿园
游戏景墙
塑胶游戏场
游戏沙坑
塑胶器械场
游戏景墙
特色树池
净手体
沙石情缘
景石
景石木亭
坐台
跌水
景观水池
厕所
会所
B座住宅
A座住宅
用地界限
规　划　路
小区主入口
北
[07]

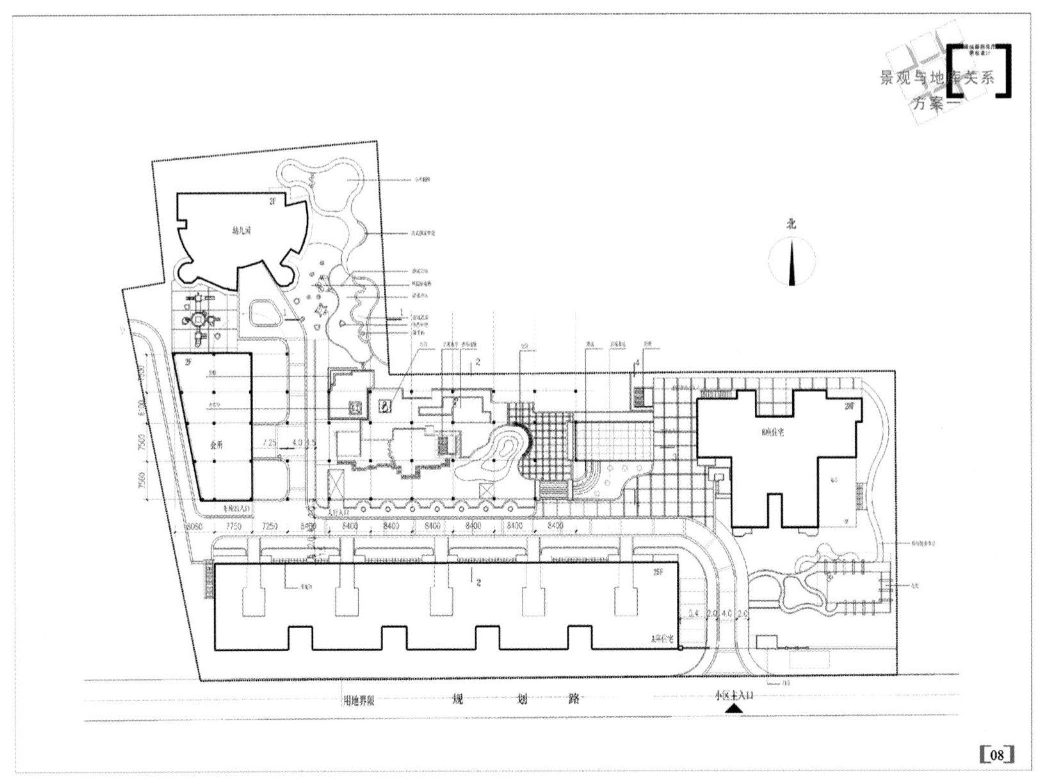
景观与地库关系
方案一
幼儿园
会所
B座住宅
A座住宅
用地界限
规　划　路
小区主入口
北
[08]

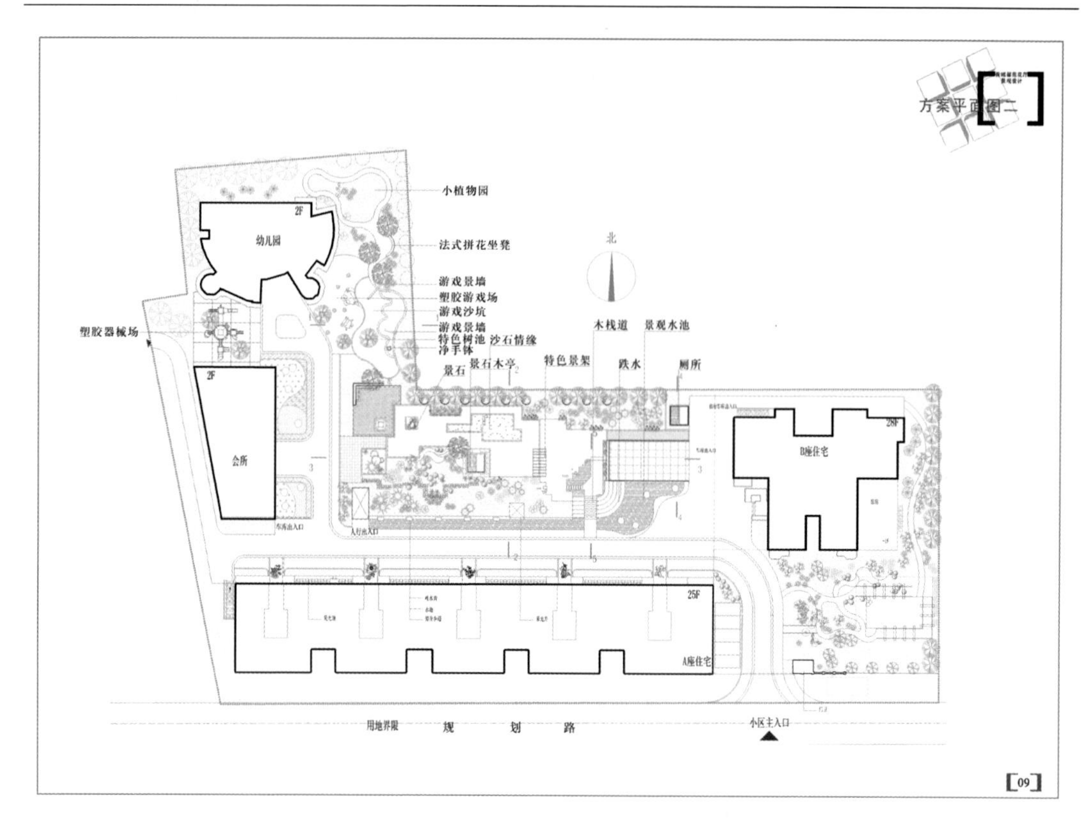
方案平面图二
小植物园
法式拼花坐凳
游戏景墙
塑胶游戏场
游戏沙坑
游戏景墙
特色树池 沙石情缘
净手钵
景石
景石木亭
特色景架
木栈道
景观水池
跌水
厕所
塑胶器械场
北
幼儿园
2F
会所
B座住宅
25F
A座住宅
用地界限
规　划　路
小区主入口
09

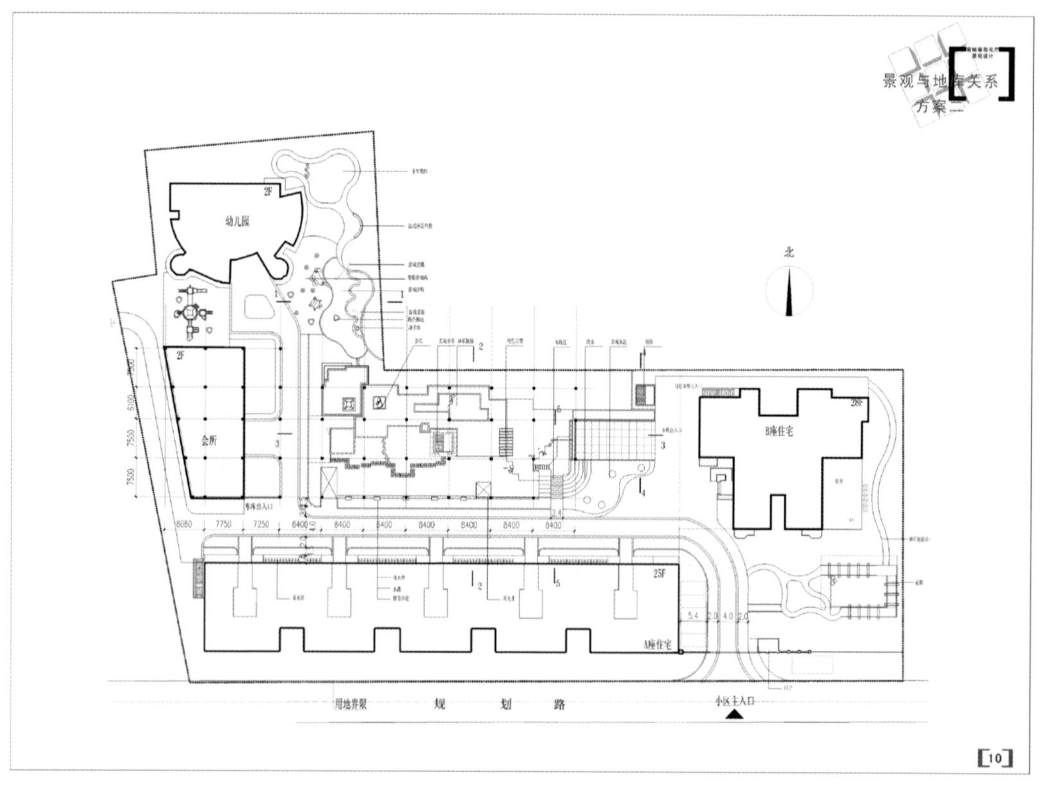
景观与地库关系
方案二
北
幼儿园
2F
会所
B座住宅
25F
A座住宅
8080
7750
7250
8400
用地界限
规　划　路
小区主入口
10

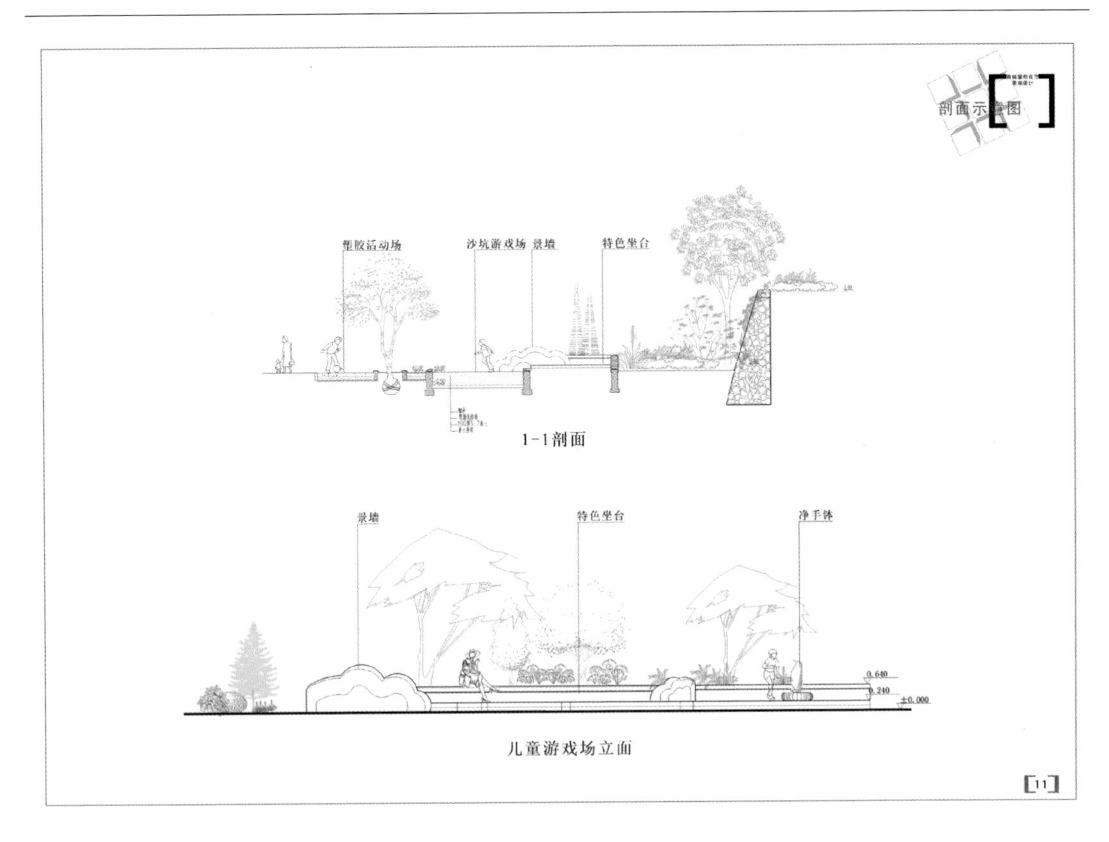
剖面示意图
塑胶活动场
沙坑游戏场
景墙
特色坐台
1-1剖面
景墙
特色坐台
净手钵
0.640
0.240
±0.000
儿童游戏场立面
11

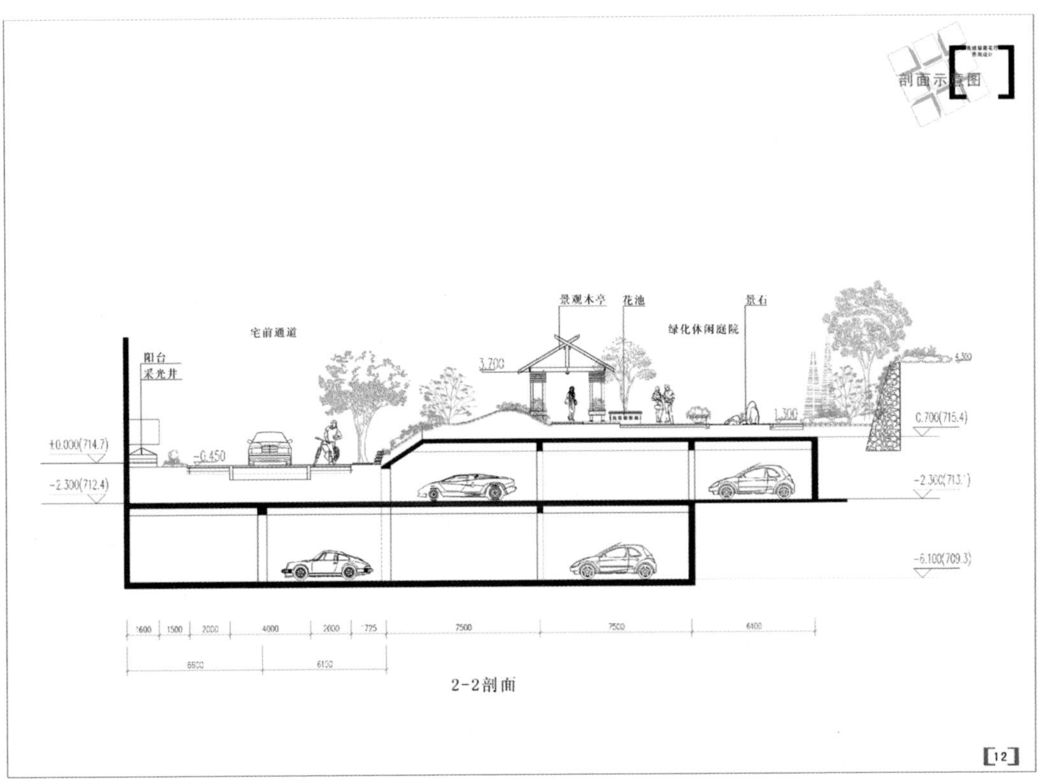
剖面示意图
景观木亭
花池
景石
宅前通道
绿化休闲庭院
阳台
采光井
3.700
±0.000(714.7)
-0.450
-2.300(712.4)
1.300
0.700(715.4)
-6.100(709.3)
1600
1500
2000
4000
2000
1725
7500
7500
6100
6500
6150
2-2剖面
12

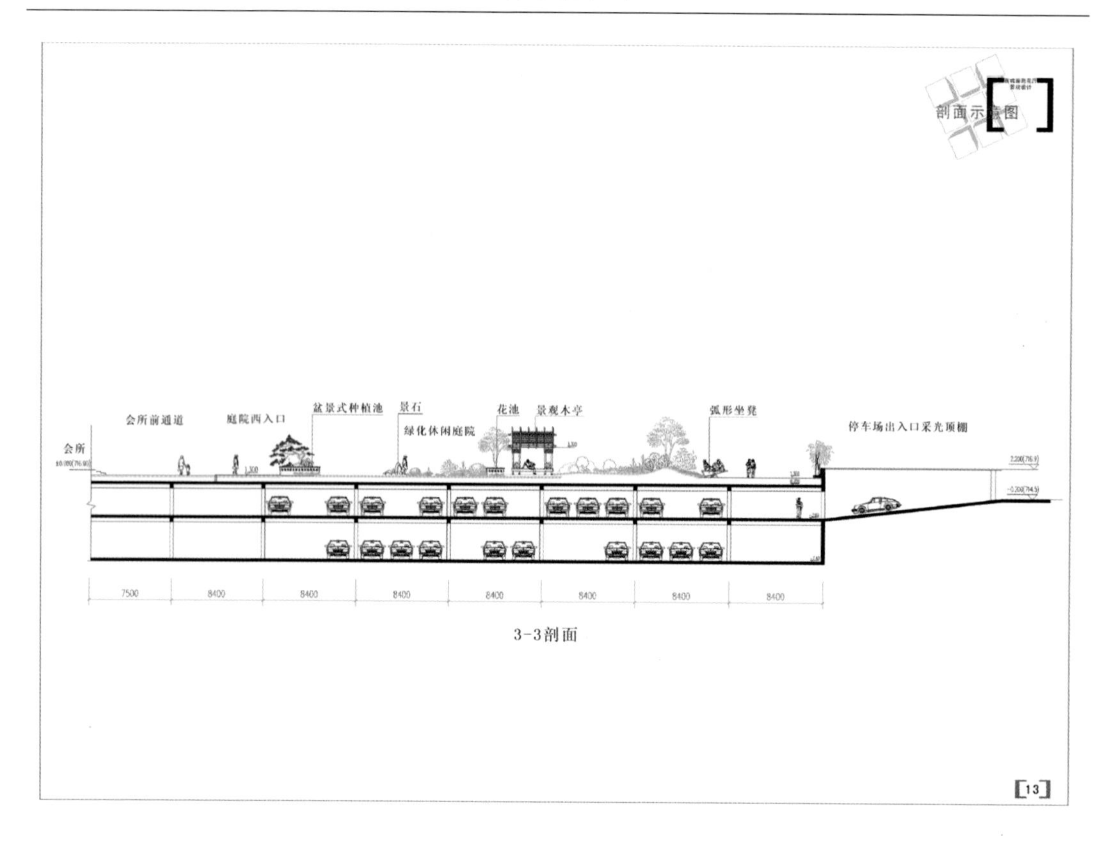

3-3剖面

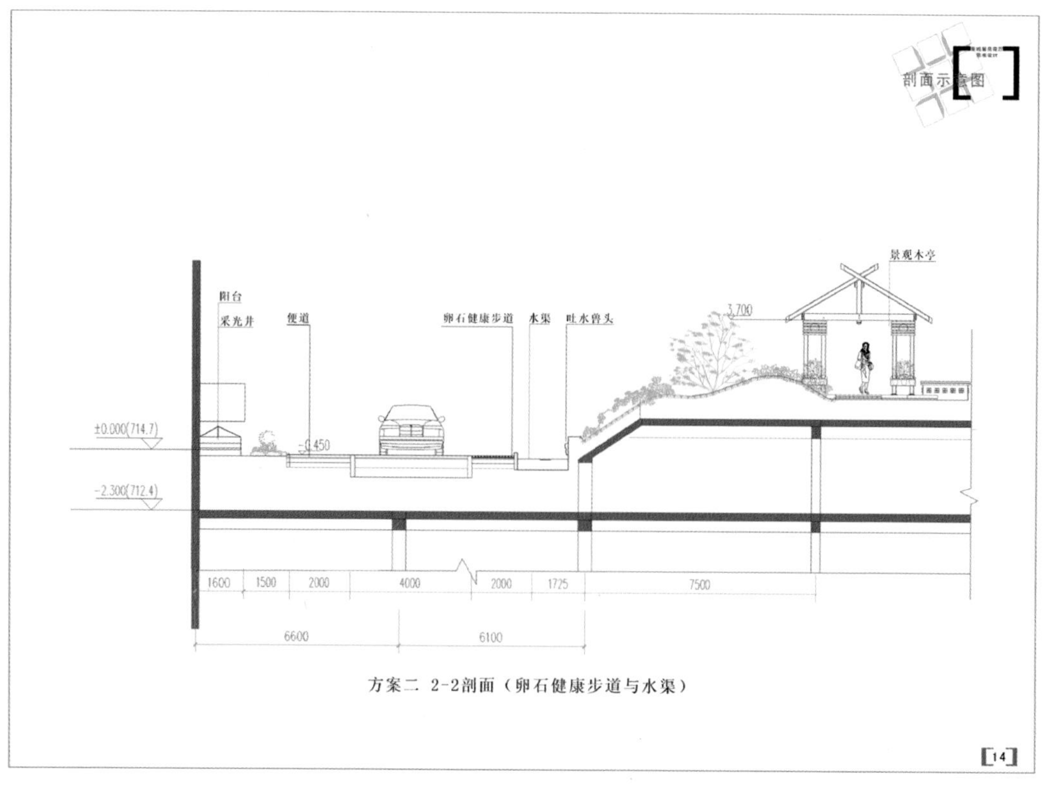

方案二 2-2剖面（卵石健康步道与水渠）

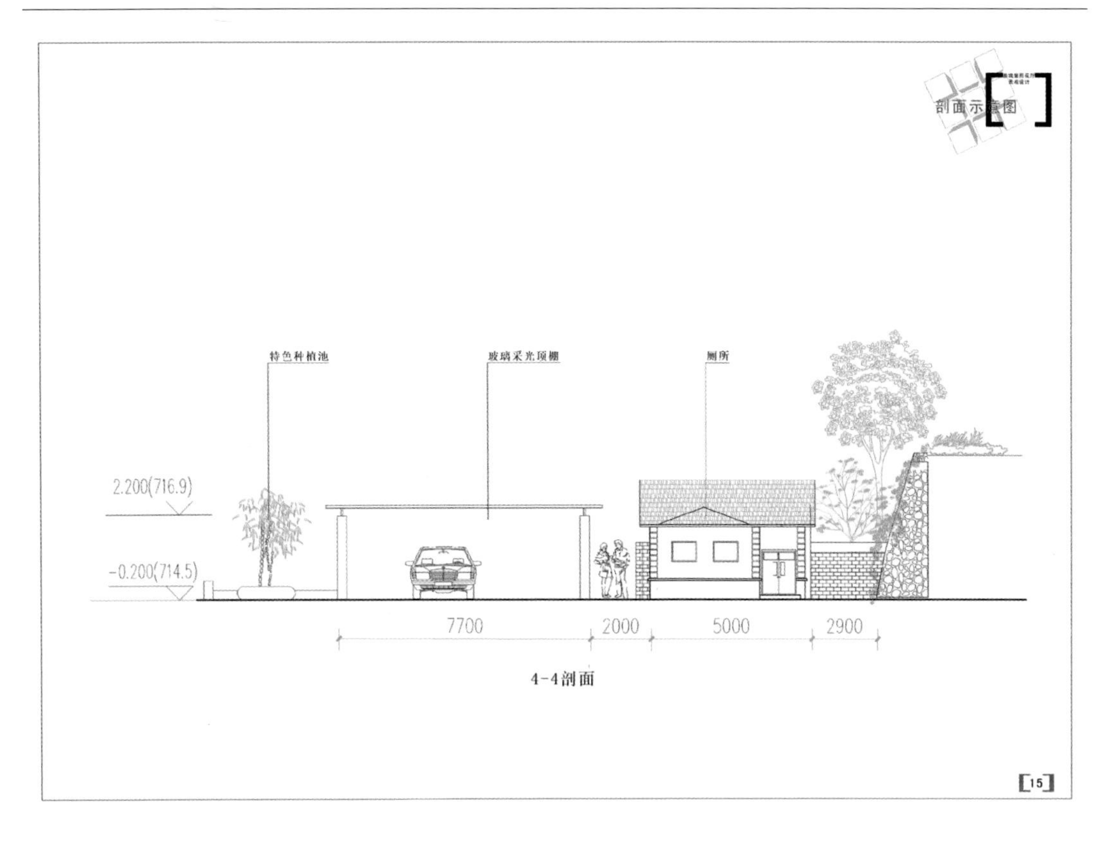

4-4剖面

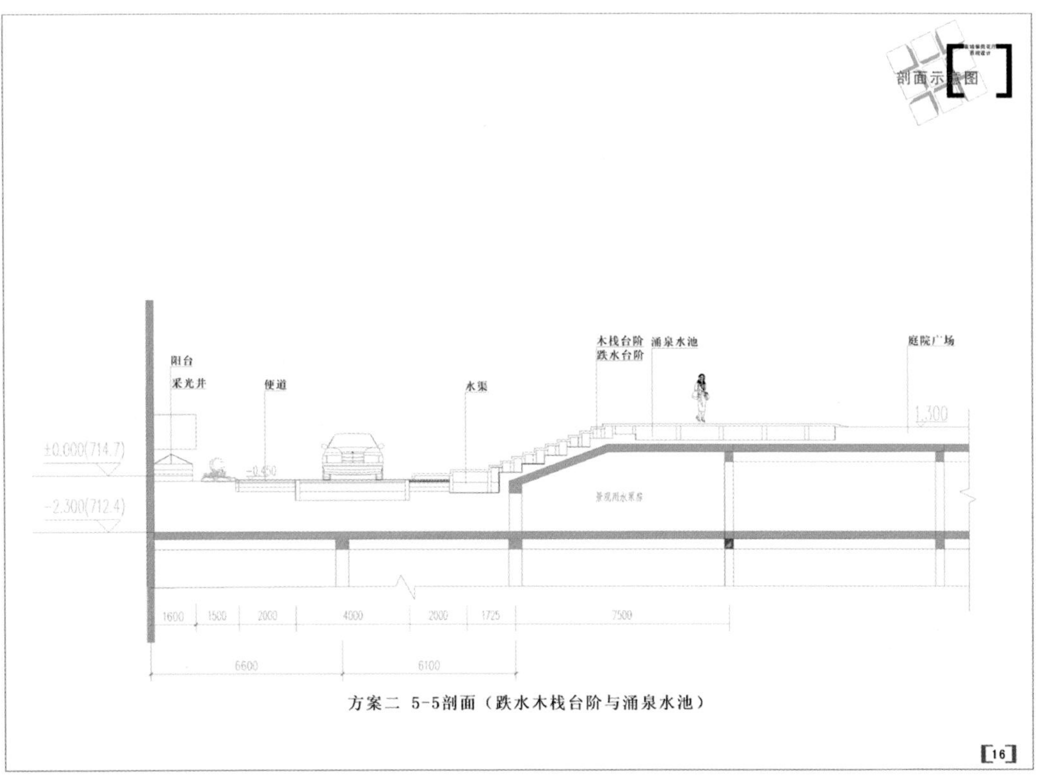

方案二　5-5剖面（跌水木栈台阶与涌泉水池）

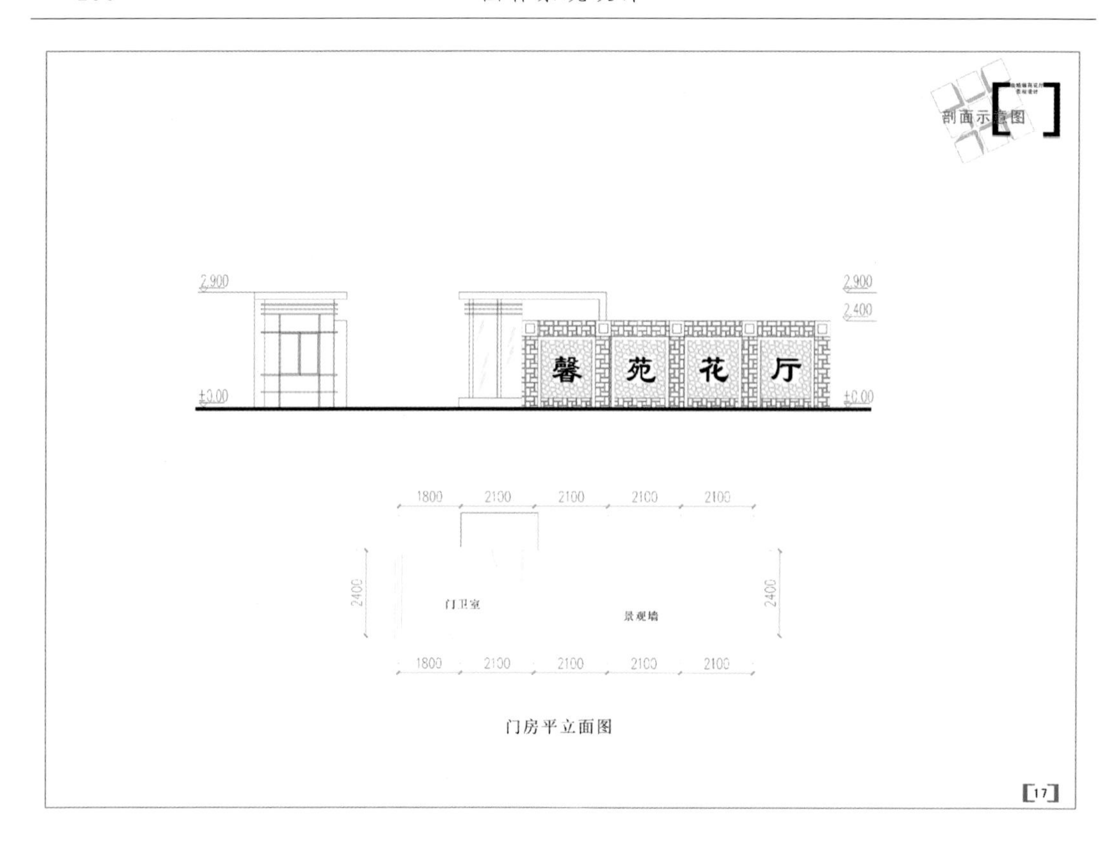

门房平立面图

休闲活动场　健康步道　花架廊

a. 跌水
b. 台阶
c. 休跌水水池
d. 厕所
e. 弧形坐台
景观意向图
方案一
竹影斜斜
效果图
跌水水池
跌水水池
弧形坐台
特色铺装
19

景观意向图
方案二
健身广场
石径寻芳
木栈桥
竹影斜斜
竹影斜斜
水池小景
效果图
20

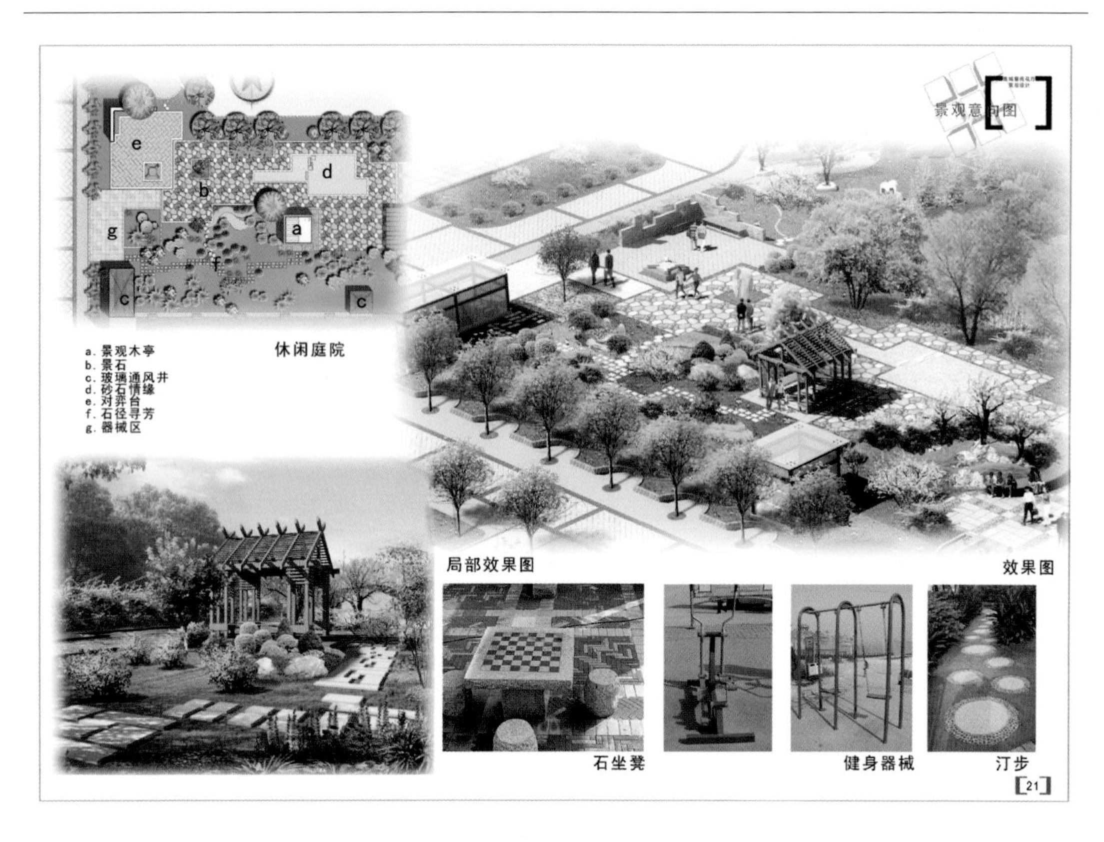
景观意向图
休闲庭院
a. 景观木亭
b. 景石
c. 玻璃通风井
d. 砂石情缘
e. 对弈台
f. 石径寻芳
g. 器械区
局部效果图
效果图
石坐凳
健身器械
汀步
21

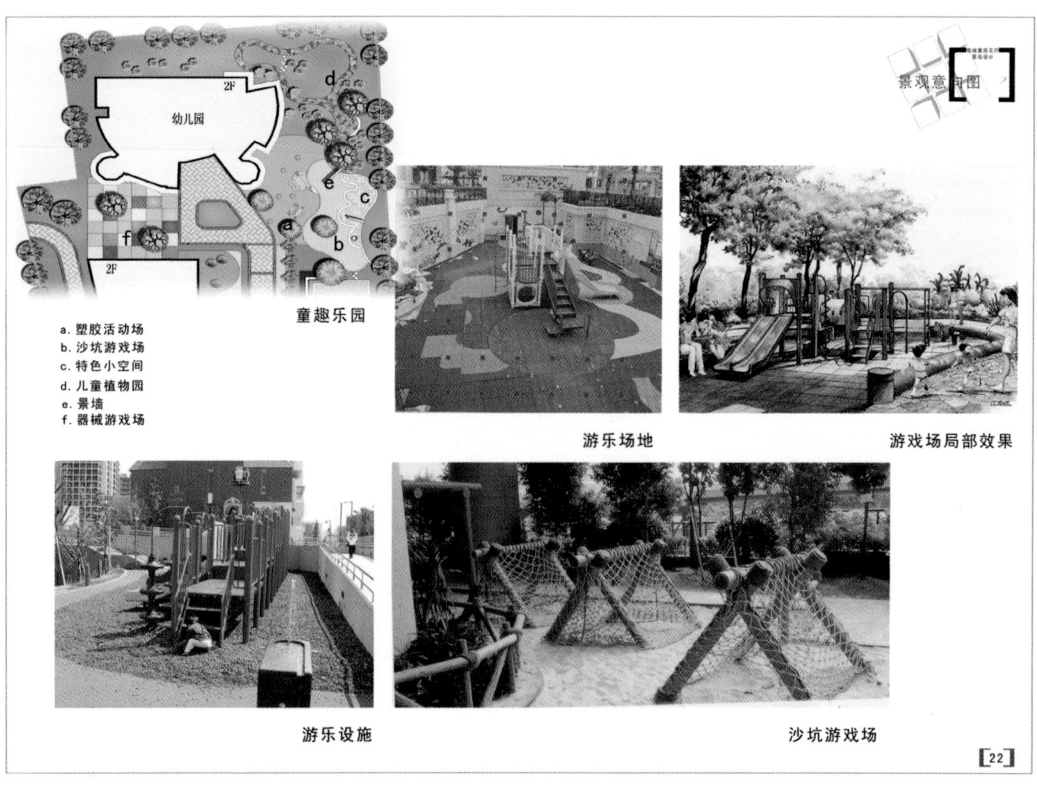
景观意向图
幼儿园
2F
2F
童趣乐园
a. 塑胶活动场
b. 沙坑游戏场
c. 特色小空间
d. 儿童植物园
e. 景墙
f. 器械游戏场
游乐场地
游戏场局部效果
游乐设施
沙坑游戏场
22

门房效果图
馨苑花厅
23

备选植物　花卉及植被
德国鸢尾
鸢尾
美人蕉
黑心菊
菊花
大花萱草
五彩石竹
荷兰菊
金光菊
金娃娃
翠菊
矮牵牛
八宝景天
红花酢浆草
宿根福禄考
玉簪
美人蕉
葱兰
24

备选植物 灌木
紫叶矮樱
金焰绣线菊
紫薇
榆叶梅
紫藤
红王子锦带
木绣球
棣棠
石榴
贴梗海棠
小叶丁香
凤尾兰
木槿
连翘
贴梗海棠
25

备选植物 乔木
海棠果实
日本晚樱
银杏
白玉兰
香花槐
香花槐
紫玉兰
日本红枫
紫叶李
西府海棠
楸树
元宝枫
龙爪槐
雪松
26

知识储备

1. 城市居住区绿地规划设计的内容有哪些?
2. 居住区公园绿地规划设计的内容有哪些?
3. 居住区游园绿地规划设计的内容有哪些?
4. 居住区组团绿地规划设计的内容有哪些?
5. 居住区中公共建筑及设施专用绿地规划设计的内容有哪些?
6. 宅旁和庭园绿地规划设计的内容有哪些?
7. 居住区植物选择和配置的注意事项有哪些?

任务实施

1. 抄绘居住区绿地设计平、立、剖面图,并用彩铅着色。
2. 设计标准段居住区绿地,徒手绘制出平、立、剖面图,并用彩铅着色。
3. 制作居住区绿地的模型。
4. 用计算机进行居住区绿地的彩色平面效果图制作。
5. 用计算机进行居住区绿地鸟瞰效果图与局部效果表现图的绘制。

任务五　单位附属绿地方案设计

学习目标

- 会正确应用国家制图的标准；
- 能理解单位附属绿地设计主题的构思与确定；
- 会进行单位附属绿地基本形式的设计；
- 会单位附属绿地的模型制作与渲染；
- 能进行单位附属绿地的彩色平面效果图制作；
- 能进行单位附属绿地鸟瞰效果图与局部效果表现。

建议学时：14 学时

学习活动 1　单位附属绿地项目准备

1. 了解规划区域的现状资料及文化资料；
2. 了解国家制图的标准；
3. 了解规划区域的分区及表现技法；
4. 会正确应用国家制图的标准。

在做单位附属绿地方案设计时，设计者应先进行基地调查，熟悉物质环境、社会文化环境和视觉环境，然后对所有与设计有关的内容进行概括和分析，最后拿出合理的方案，完成设计。因此，在单位附属绿地项目准备活动中，要求：根据任务书的内容进行基地调查，收集与基地有关的资料，补充并完善不完整的内容，对整个路段及周围环境进行综合分析。结果用图片、表格或图解的方式表示。可以拍成照片或徒手线条勾绘，图面应简洁、醒目、说明问题。

知识链接

一、工矿企业绿地的组成

(1)厂前区绿地:厂前区由道路广场、出入口、门卫收发室、办公楼、科研实验楼、食堂等组成,既是全厂行政、生产、科研、技术、生活的中心,也是职工活动和上下班的集散地,还是连接市区与厂区的纽带。厂前区绿地为广场绿地、建筑周围绿地等。厂前区面貌体现了工厂的形象和特色。

(2)生产区绿地:生产区分布着车间、道路、各种生产装置和管线,是工厂的核心,也是工人生产劳动的区域。生产区绿地比较零碎分散,呈条带状和团片状分布在道路两侧或车间周围。

(3)仓库区绿地:该区是原料和产品堆放、保管和储运区域,分布着仓库和露天堆场,绿地与生产区基本相同,多为边角地带。为保证生产,绿化不可能占据较多的用地。

(4)绿化美化地段:厂区周围的防护林带,厂内的小游园、花园等。

工厂绿化既要重视厂前区和厂内绿化美化地段,提高园林艺术水平,体现绿化美化和游憩观赏功能,也不能忽视生产区和仓库区绿化,以改善和保护环境为主,兼顾美化、观赏功能。

二、工矿企业绿地的功能

(1)保护生态环境,保障职工健康;

(2)社会文明进步的标志,企业形象的硬件;

(3)创造物质财富,体现经济效益。

三、工矿企业绿地环境条件的特殊性

工厂绿地与其他园林绿地相比,环境条件有其相同的一面,也有其特殊的一面。认识工厂绿地环境条件的特殊性,有助于正确选择绿化植物,合理进行规划设计,满足功能和服务对象的需要。

1. 环境恶劣

工矿企业在生产过程中常常排放、逸出各种有害于人体健康和植物生长的气体、粉尘、烟尘和其他物质,对空气、水、土壤造成不同程度的污染。虽然人们采取各种环保措施进行治理,但由于经济条件、科学技术和管理水平的限制,污染还不能完全杜绝。另外,工业用地在选择时尽量不占耕地良田,加之工程建设及生产过程中材料堆放,废物的排放,使土壤结构、化学性能和肥力都变差。因而工厂绿地的气候、土壤等环境条件,对植物生长发育是不利的,在有些污染性大的厂矿甚至是恶劣的,这也相应增加了绿化的难度。因此,根据不同类型、不同性质的厂矿企业,慎重选择那些适应性强、抗性强、能耐恶劣环境的花草树木,并采取措施加强管理和保护,是工厂绿化成败的关键环节,否则会出现植物死亡、事倍功半不见效的结果。

2. 用地紧张

工矿企业内建筑密度大，道路、管线及各种设施纵横交错，尤其是城镇中小型工厂，绿化用地往往很少。因此，工厂绿化要“见缝插绿”、“找缝插绿”、“寸土必争”，灵活运用绿化布置手法，争取较多的绿化用地。如在水泥地上砌台栽花，挖坑植树，墙边栽植攀缘植物垂直绿化，开辟屋顶花园空中绿化等，都是增加工厂绿地面积行之有效的办法。

3. 保证生产安全

工厂的中心任务是发展生产，为社会提供质优量多的产品。工矿企业的绿化要有利于生产正常运行，有利于产品质量提高。工厂内地上、地下管线密布，可谓“天罗地网”，建筑物、构筑物、铁道、道路交织，厂内外运输繁忙。有些精密仪器厂、仪表厂、电子厂的设备和产品对环境质量有较高的要求。因此，工厂绿化首先要处理好与建筑物、构筑物、道路、管线的关系，保证生产运行的安全，还要满足设备和产品对环境的特殊要求，又要使植物能有较正常的生长发育条件。

4. 服务对象

工厂绿地是本厂职工休息的场所，面积小、使用时间短，加之环境条件的限制，使可以种植的花草树木的种类数量受到限制。如何在有限的绿地中，以绿化美化为主，条件许可时，适当设置一些景点景区、建筑小品和休息设施，这是工厂绿化的中心问题。因此，工厂绿化必须围绕有利于职工工作、休息和身心健康，有利于创造优美的厂区环境来进行。如利用厂内山丘水塘，置水榭，建花架，植花木，形成小游园，自然生动；或设水池、喷泉，种荷花睡莲，点缀雕塑，相映成趣。道路两旁种植行道树，建筑周边绿地规则式种植整形的绿篱、花灌木，铺草坪，简洁明快，通透而有层次。

四、工矿企业绿地的设计原则

工厂绿化关系到全厂各区、各车间内外生产环境和厂区容貌的好坏，在规划设计时应遵循如下几项基本原则。

1. 工厂绿化应体现各自的特色和风格

工厂绿化是以厂内建筑为主体的环境净化、绿化和美化，要体现本厂绿化的特色和风格，充分发挥绿化的整体效果，以植物与工厂特有的建筑的形态、体量、色彩相衬托、对比、谐调，形成别具一格的工业景观（远观）和独特优美的厂区环境（近观）。如电厂高耸入云的烟囱和造型优美的双曲线冷却塔，纺织厂锯齿形天窗的生产车间，炼油厂、化工厂的烟囱，各种反应塔，银白色的贮油罐，纵横交错的管道等。这些建筑物、装置与花草树木形成形态、轮廓和色彩的对比变化，刚柔相济，从而体现各个工厂的特点和风格。

同时，工厂绿化还应根据本厂实际，在植物的选择配置、绿地的形式和内容、布置风格和意境等方面，体现出厂区宽敞明朗、洁净清新、整齐一律、宏伟壮观、简洁明快的时代气息和精神风貌。

2. 为生产服务，为职工服务

为生产服务，要充分了解工厂及其车间、仓库、料场等区域的特点，综合考虑生产工艺流程、防火、防爆、通风、采光以及产品对环境的要求，使绿化服从或满足这些要求，有利于生产和安全。为职工服务，就要创造有利于职工劳动、工作和休息的环境，有益于工人的身体健康。尤其是生产区和仓库区，占地面积大，又是职工生产劳动的场所，绿化的好坏直接影响厂容厂貌和工人的身体健康，应作为工厂绿化的重点之一。根据实际情况，从树种选择、布置形式，到栽植管理上多下功夫，充分发挥绿化在净化空气、美化环境、消除疲劳、振奋精神、增进健康等方面的作用。

3. 合理布局，联合系统

工厂绿化要纳入厂区总体规划中，在工厂建筑、道路、管线等总体布局时，要把绿化结合进去，做到全面规划，合理布局，形成点线面相结合的厂区园林绿地系统。点的绿化是厂前区和游憩性游园，线的绿化是厂内道路、铁路、河渠及防护林带，面就是车间、仓库、料场等生产性建筑、场地的周边绿化。从厂前区到生产区、仓库、作业场、料场，到处是绿树红花青草，让工厂掩映在绿荫丛中。同时，也要使厂区绿化与市区街道绿化联系衔接，过渡自然。

4. 增加绿地面积，提高绿地率

工厂绿地面积的大小，直接影响到绿化的功能和厂区景观。各类工厂为保证文明生产和环境质量，必须有一定的绿地率：重工业 20%，化学工业 20%～25%，轻纺工业 40%～45%，精密仪器工业 50%，其他工业 25%。据调查，大多数工厂绿化用地不足，特别是位于旧城区的工厂绿化用地远远低于上述指标，而一些工厂增加绿地面积的潜力还是相当大的，只是因资金紧张或领导重视不够而已。因此，要想方设法通过多种途径、多种形式增加绿地面积，提高绿地率、绿视率和绿量。

现在，世界上许多国家都注重工厂绿化美化。如美国把工厂绿化称为“产业公园”。日本土地资源紧缺，20 世纪 60 年代，工厂绿地率仅为 3%，后来要求新建厂要达到 20%的绿地率，实际上许多工厂已超过这一指标，有的高达 40%左右。一些工厂绿树成荫，芳草萋萋，不仅技术先进，产品质量高，而且以环境优美而闻名。

五、工矿企业绿地绿化树种选择的原则

(1)识地识树，适地适树：识地识树就是要对拟绿化的工厂绿地的环境条件有清晰的认识和了解，包括温度、湿度、光照等气候条件和土层厚度、土壤结构和肥力、pH 值等土壤条件，也要对各种园林植物的生物学和生态学特征了如指掌。适地适树就是根据绿化地段的环境条件选择园林植物，使环境适合植物生长，也使植物能适应栽植地环境。在识地识树前提下，适地适树地选择树木花草，成活率高，生长茁壮，抗性和耐性就强，绿化效果好。

(2)注意防污植物的选择：工矿企业是污染源，要在调查研究和测定的基础上，选择防污能力较强的植物，尽快取得良好的绿化效果，避免失败和浪费，发挥工厂绿地改善和保护环境的功能。

(3)生产工艺的要求：不同工厂、车间、仓库、料场，其生产工艺流程和产品质量对环境的要求也不同，如空气洁净程度，防火、防爆等。因此，选择绿化植物时，要充分了解和考虑这些对环境条件的限制因素。

(4)易于繁殖，便于管理：工厂绿化管理人员有限，为省工节支，宜选择繁殖、栽培容易和管理粗放的树种，尤其要注意选择乡土树种。装饰美化厂容，要选择那些繁衍能力强的宿根花卉。

1. 园林制图标准有哪些?
2. 如何进行单位附属绿地项目准备? 所需的材料、工具、步骤、注意事项有哪些?
3. 城市单位附属绿地景观设计的重要性有哪些?
4. 单位附属绿地的作用有哪些?
5. 单位附属绿地的类型有哪些?
6. 单位附属绿地的功能分类及专用术语有哪些?

1. 设计人员首先应该充分了解设计委托方的具体要求,有哪些愿望,对设计所要求的造价和时间期限等内容。从中确定哪些值得深入细致地调查和分析,哪些只要做一般的了解。

2. 根据任务书的内容进行基地调查,弄清与掌握单位附属绿地的等级、性质、功能、周围环境,以及投资能力基本来源、施工、养护技术水平等,然后综合研究,将总体与局部结合起来,做出切实、经济、合理的设计方案。

3. 调查结果用图片、表格或图解的方式表示。

学习活动 2　单位附属绿地方案设计

1. 能理解单位附属绿地设计主题的构思与确定;
2. 会进行单位附属绿地基本形式的设计;
3. 能进行行道树绿带种植设计;
4. 能进行分区绿带绿化设计。

在对单位附属绿地现状调查分析后,应该在方案设计之前先做出整个单位附属绿地的用地规划或布置,保证功能合理,尽量利用基地条件,使得各项内容各得其所,然后再分区块进行各局部景点的方案设计。因此,在单位附属绿地方案设计中,要求:根据基地调查和分析得出的结果进行单位附属绿地方案设计。形成方案构思图、平立剖面图、详图、局部效果图、方案鸟瞰图等。

一、工矿企业绿地各组成部分的设计

1. 厂前区绿地设计

厂前区的绿化要美观、整齐、大方、开朗明快，给人以深刻印象，还要方便车辆通行和人流集散。绿地设置应与广场、道路、周围建筑及有关设施(光荣榜、画廊、阅报栏、黑板报、宣传牌等)相谐调，一般多采用规则式或混合式。植物配置要和建筑立面、形体、色彩相谐调，与城市道路相联系，种植类型多用对植和行列式。因地制宜地设置林荫道、行道树、绿篱、花坛、草坪、喷泉、水池、假山、雕塑等。入口处的布置要富于装饰性和观赏性，强调入口空间。建筑周围的绿化还要处理好空间艺术效果、通风采光、各种管线的关系。广场周边、道路两侧的行道树，应选用冠大荫浓、耐修剪、生长快的乔木或用树姿优美、高大雄伟的常绿乔木，形成外围景观或林荫道。花坛、草坪及建筑周围的基础绿带或用修剪整齐的常绿绿篱围边，点缀色彩鲜艳的花灌木、宿根花卉，或植草坪，用低矮的色叶灌木形成模纹图案。

如用地宽余，厂前区绿化还可与小游园的布置相结合，设置山泉水池、建筑小品、园路小径，放置园灯、凳椅，栽植观赏花木和草坪，形成恬静、清洁、舒适、优美的环境。为职工工余班后休息、散步、谈心、娱乐提供场所，也体现了厂区面貌，成为城市景观的有机组成部分。

为丰富冬季景色，体现雄伟壮观的效果，厂前区绿化常绿树种应有较大的比例，一般为30%～50%。

2. 生产区绿地设计(表 5-1)

表 5-1　各类生产车间周围绿化特点及设计要点

车间类型	绿化特点	设计要点
1. 精密仪器车间、食品车间、医药卫生车间、供水车间	对空气质量要求较高	以栽植藤本、常绿树木为主，铺设大块草坪，选用无飞絮、种毛、落果及不易掉叶的乔灌木和杀菌能力强的树种
2. 化工车间、粉尘车间	有利于有害气体、粉尘的扩散、稀释或吸附，起隔离、分区、遮蔽作用	栽植抗污、吸污、滞尘能力强的树种，以草坪、乔灌木形成一定空间和立体层次的屏障
3. 恒温车间、高温车间	有利于改善和调节小气候环境	以草坪、地被物、乔灌木混交，形成自然式绿地。以常绿树种为主，花灌木色淡味香，可配置园林小品
4. 噪音车间	有利于减弱噪音	选择枝叶茂密、分枝低、叶面积大的乔灌木，以常绿落叶树木组成复层混交林带
5. 易燃易爆车间	有利于防火、防爆	栽植防火树种，以草坪和乔木为主，不栽或少栽花灌木，以利可燃气体稀释、扩散，并留出消防通道和场地
6. 露天作业区	起隔音、分区、遮阴作用	栽植大树冠的乔木混交林带
7. 工艺美术车间	创造美好的环境	栽植姿态优美、色彩丰富的树木花草，配置水池、喷泉、假山、雕塑等园林小品，铺设园路小径
8. 暗室作业车间	形成幽静、庇荫的环境	搭荫棚，或栽植枝叶茂密的乔木，以常绿乔灌木为主

工厂生产车间周围的绿化比较复杂，绿地大小差异较大，多为条带状。由于车间生产特点不同，绿地也不一样。有的车间会对周围环境产生不良影响和严重污染，如散发有害气体、烟尘、噪音等。有的车间则对周围环境有一定的要求，如空气洁净程度、防火、防爆、降温、湿度、安静等。因此生产车间周围的绿化要根据生产特点，职工视觉、心理和情绪特点，为车间创造生产所需要的环境条件，防止和减轻车间污染物对周围环境的影响和危害，满足车间生产安全、检修、运输等方面对环境的要求，为工人提供良好的工作短暂休息用地。

一般情况下，车间周围的绿地设计，首先要考虑有利于生产和室内通风采光，距车间 6～8m 内不宜栽植高大乔木。其次，要把车间出入口两侧绿地作为重点绿化美化地段。各类车间生产性质不同，各具特点，必须根据车间具体情况因地制宜地进行绿化设计。

3. 仓库、堆物场绿地设计

仓库区的绿化设计，要考虑消防、交通运输和装卸方便等要求，选用防火树种，禁用易燃树种，疏植高大乔木，间距 7～10m，绿化布置宜简洁。在仓库周围留出 5～7m 宽的消防通道。

装有易燃物的贮罐，周围应以草坪为主，防护堤内不种植物。

露天堆物场绿化，在不影响物品堆放、车辆进出、装卸条件下，周边栽植高大、防火、隔尘效果好的落叶阔叶树，以利夏季工人遮阴休息，外围加以隔离。

4. 厂内道路、铁路绿化

(1)厂内道路绿化：厂区道路是工厂生产组织、工艺流程、原材料及成品运输、企业管理、生活服务的重要通道，是厂区的动脉。满足生产要求，保证厂内交通运输的畅通和职工安全既是厂区道路规划的第一要求，也是厂区道路绿化的基本要求。

道路两侧通常以等距行列式各栽植 1～2 行乔木作行道树，如路较窄，也可在其一侧栽植行道树，南北向道路可栽在路西侧，东西向道路可栽在路南侧，以利遮阴。行道树株距视树种大小而定，以 5～8m 为宜。大乔木定干高度不低于 3m，中小乔木定干高度不低于 2.5m。为了保证行车、行人和生产安全，厂内道路交叉口、转弯处要留出一定安全视距的通透区域，还要保证树木与建筑物、构筑物、道路和地上地下管线的最小间距。有的工厂，如石油化工厂，厂内道路常与管廊相交或平行，道路的绿化要与管廊位置及形式结合起来考虑，因地制宜地选用乔灌木、绿篱和攀缘植物，合理配置，以取得良好的绿化效果。

大型工厂道路有足够宽度时，可增加园林小品，布置成花园式林荫道。绿化设计时，要充分发挥植物的形体美和色彩美，在道路两侧有层次地布置乔灌花草，形成层次分明、色彩丰富、多功能的绿色长廊。

(2)厂内铁路绿化：在钢铁、石油、化工、煤炭、重型机械等大型厂矿内除一般道路外，还有铁路专用线，厂内铁路两侧也需要绿化。

铁路绿化有利于减弱噪音，保持水土，稳固路基，还可以通过栽植，形成绿篱、绿墙，组织人流，防止行人乱穿越铁路而发生交通事故。

厂内铁路绿化设计时，植物离标准轨外轨的最小距离为 8m，离轻便窄轨外轨不小于 5m。前排密植灌木，以起隔离作用，中后排再种乔木。铁路与道路交叉口处，每边至少留出 20m 的地方，不能种植高于 1m 的植物。铁路弯道内侧至少留出 200m 视距，在此范围内不能种植阻挡视线的乔灌木。铁路边装卸原料、成品的场地，可在周边大株距栽植一些乔木，不种灌木，以保证装卸作业的进行。

5. 工厂小游园设计

(1)小游园的功能及要求

根据各厂的具体情况和特点，在工矿企业内因地制宜地开辟建设小游园，运用园林艺术手法，布置园路、广场、水池、假山及建筑小品，栽植花草树木，组成优美的环境，既美化了厂容厂貌，又使厂内职工获得了开展业余文化体育娱乐活动的良好场所，有利于职工工余休息、谈心、观赏、消除疲劳，深受广大职工欢迎。

厂内休息性小游园面积一般不大，要精心布置，小巧玲珑，结合本厂特点，设置标志性的雕塑或建筑小品，与工厂建筑物、构筑物相谐调，形成不同于城市公园，街道、居住小区游园的格调和风貌。

(2)小游园的内容

以植物绿化美化为主，植物选择配置乔灌花草结合，常绿树种与落叶树种结合，种植类型既可是树林、树群、树丛，也可是花坛、行列式，草坪铺底，或绿篱围边，有层次色彩变化。

出入口、园路和集散广场：根据游园规模大小，结合厂区道路、车间入口，设置若干个出入口和园路相连，在绿地中结合园路、出入口设置休息、集散广场。

建筑小品：根据游园大小和经济条件，可适当设置一些建筑小品，如亭廊花架、宣传栏、雕塑、园灯、座椅、水池、喷泉、假山、置石、厕所及管理用房等服务设施。

(3)小游园的布局形式

游园的布局形式可分为规则式、自然式和混合式，根据其所在位置、功能、性质、场地形状、地势及职工爱好，因地制宜，灵活布置，不拘形式，并与周围环境相谐调。

(4)小游园在厂区设置的位置

结合厂前区布置：厂前区是职工上下班场所，也是来宾首到之处，又临近城市街道，小游园结合厂前区布置，既方便职工游憩，也美化了厂前区的面貌和街道侧旁景观。

湖北汉川电厂厂前区绿地以植物造景为手段，体现清新、优美、高雅的格调，突出俯视、平视的观赏效果，以美丽的模纹图案，赋予企业特有的文化内涵。用植物组成两个大型的模纹绿地。一个是以桂花为主景，种植在坡形绿地中央，用大叶黄杨组成图案，金丝桃、锦熟黄杨点缀，片植丰花月季，以雀舌黄杨和白矾石组成醒目的厂标，草坪铺底，形成厂前区空间环境的构图中心和视线焦点。另一模纹绿地则用大叶黄杨、海桐球、丰花月季、雀舌黄杨、红叶小檗、美女樱等组成火与电的图案，一圈圈的雀舌黄杨象征磁力线，大叶黄杨组成两个扭动的轴，三个火样的图案烘托在周边，象征电力工业带动其他工业的发展。整个图案新颖别致，既可从生产办公楼中俯视，又能在环路中平视，充分体现了汉川电厂绿化的节奏感和韵律美。主干道绿化用香樟和鹅掌楸(俗称马褂木)作行道树，蚊母球和大叶黄杨绿篱与之相配，形成点线面结合的布局形式，秋天叶形优美的鹅掌楸变黄，在浓绿色的香樟衬托下，色彩鲜明，富有诗情画意。自然式树丛设在周边绿地上，遮挡不美观之处，并作为背景围合成完整的厂前区绿色空间。以雪松、樱花、白玉兰、红叶李、迎春、凌霄、杜鹃、月季等，形成丰富多彩的、多层次的、季相明显的绿化环境。绿树、鲜花、茵草、景墙、置石、花坛，使单调而呆板的工厂环境，富有活力和艺术魅力。

结合厂内水体布置：工厂内若有天然池塘、河道等水体，则是布置游园的好地方，即可丰富游园的景观，又增加了休息活动的内容，也改善了厂内水体的环境质量，可谓一举多得。如南京江南光学仪器厂，将一个几乎成为垃圾场的小臭水塘疏浚治理，修园路、铺草坪、种花木、置花架、堆假山、建水池，池内设喷泉，成为职工喜爱的游园。

在车间附近布置：车间附近是工人工余休息最便捷之处，根据本车间工人爱好，布置成各有特色的小游园，结合厂区道路和车间出入口，创造优美的园林景观，使职工在花园化的工厂中工作和休息。

结合公共福利设施、人防工程布置：小游园若与工会、俱乐部、阅览室、食堂、人防工程相结合布置，则能更好地发挥各自的作用。根据人防工程上土层厚度选择植物，土厚2m以上可种大乔木，1.5～2m厚可种小乔木或大灌木，0.5～1.5m厚可种灌木、竹子，0.3～0.5m厚可栽植地被植物和草坪，人防设施出入口附近不能种植有刺或蔓生伏地植物。如南京江南光学仪器厂的小游园与俱乐部结合，成为职工业余文化活动的中心。苏州化工厂在行政楼和职工食堂之间布置花园，成为职工饭后散步、休息之处。

6. 工厂防护林带设计

工厂防护林带的主要作用是滤滞粉尘、净化空气、吸收有毒气体、减轻污染、保护改善厂区乃至城市环境。首先要根据污染因素、污染程度和绿化条件，综合考虑，确立林带的条数、宽度和位置。

通常，在工厂上风方向设置防护林带，防止风沙侵袭及邻近企业污染。在下风方向设置防护林带，必须根据有害物排放、降落和扩散的特点，选择适当的位置和种植类型。一般情况，污物排出并不立即降落，在厂房附近地段不必设置林带，而应将其设在污物开始密集降落和受影响的地段内。防护林带内，不宜布置散步休息的小道、广场，在横穿林带的道路两侧加以重点绿化隔离。

烟尘和有害气体的扩散，与其排出量、风速、风向、垂直温差、气压、污染源的距离及排出高度有关，因此设置防护林带，也要综合考虑这些因素，才能使其发挥较大的卫生防护效果。

防护林带应选择生长健壮，病虫害少，抗污染性强，树体高大，枝叶茂密，根系发达的树种。树种搭配上，要常绿树与落叶树相结合，乔、灌木相结合，阳性树与耐阴树相结合，速生树与慢生树相结合，净化与绿化相结合。

二、中小学绿地设计

中小学用地分为建筑用地（包括办公楼、教学及实验楼、广场道路及生活杂务场院）、体育场地和自然科学实验用地。

中小学建筑用地绿化往往沿道路两侧、广场、建筑周边和围墙边呈条带状分布，以建筑为主体，绿化相衬托、美化。因此绿化设计既要考虑建筑物的使用功能，如通风采光，遮阴、交通集散，又要考虑建筑物的形状、体量、色彩和广场、道路的空间大小。大门出入口、建筑门厅及庭院，可作为校园绿化的重点，结合建筑、广场及主要道路进行绿化布置，注意色彩、层次的对比变化，建花坛，铺草坪，植绿篱，配置四季花木，衬托大门及建筑物入口空间和正立面景观，丰富校园景色。建筑物前后作低矮的基础栽植，5m内不植高大乔木。两山墙外植高大乔木，以防日晒。庭院中也可植乔木，形成庭荫环境，设置乒乓球台、阅报栏等文体设施，供学生课余活动之用。校园道路绿化，以遮阴为主，种植乔灌木。

体育场地主要供学生开展各种体育活动。一般小学操场较小，或以楼前后的庭院代之。中学单独设立较大的操场，可划分标准运动跑道、足球场、篮球场及其他体育活动用地。

运动场周围植高大遮阴落叶乔木,少种花灌木。地面铺草坪(除道路外),尽量不硬化。运动场要留出较大空地供活动用,空间通视,保证学生安全和体育比赛的进行。

自然科学实验园与幼儿园相同,只是规模较大而已。

学校周围沿围墙植绿篱或乔灌木林带,与外界环境相对隔离,避免相互干扰。

中小学绿化树种选择与幼儿园相似。树木应挂牌,标明树种名称,便于学生学习科学知识。

三、大专院校绿地设计

(一)大专院校的特点

1. 对城市发展的推动作用

大专院校是促进城市技术经济、科学文化繁荣与发展的园地,是带动城市高科技发展的动力,也是科教兴国的主阵地。另一方面,大专院校还促进了城市文化生活的繁荣。

2. 面积与规模

大专院校,一般规模大、面积广、建筑密度小。

3. 教学工作特点

大专院校是以课时为基本单元组织教学工作的,学生们一天之中要多次往返穿梭于校园内各处的教室、实验室之间,匆忙而紧张,是一个从事繁重脑力劳动的群体。

4. 学生特点

大专院校的学生正处在青年时代,其人生观和世界观处于树立和形成时期,各方面逐步走向成熟。他们精力旺盛,朝气蓬勃,思想活跃,开放活泼,可塑性强,又有独立的个人见解,掌握一定的科学知识,具有较高的文化修养。他们需要良好的学习、运动环境和高品位的娱乐交往空间,从而获得德智体美劳的全面发展。

(二)大专院校绿地的组成

1. 教学科研区绿地

教学科研区是学校的主体,包括教学楼、实验楼、图书馆以及行政办公楼等建筑,该区也常常与学校大门主出入口综合布置,体现学校的面貌和特色。教学科研区要保持安静的学习与研究环境,其绿地沿建筑周围、道路两侧呈条带状或团块状分布。

2. 学生生活区绿地

该区为学生生活、活动区域,分布有学生宿舍、学生食堂、浴室、商店等生活服务设施及部分体育活动器械。有的学校将学生体育活动中心设在学生生活区内或附近。该区与教学科研区、体育活动区、校园绿化景区、城市交通及商业服务有密切联系。该区绿地沿建筑、道路分布,比较零碎、分散。

3. 体育活动区绿地

大专院校体育活动场所是校园的重要组成部分,是培养学生德智体美劳全面发展的重要设施。其内容包括大型体育场、馆和风雨操场,游泳池、馆,各类球场及器械运动场等等。该区与学生生活区有较方便的联系。除足球场草坪外,绿地沿道路两侧和场馆周边呈条带状分布。

4. 后勤服务区绿地

该区分布着为全校提供水、电、热力及各种气体动力站及仓库、维修车间等设施,占地面积大，管线设施多，既要有便捷的对外交通联系，又要离教学科研区较远，避免干扰。其绿地也是沿道路两侧及建筑场院周边呈条带状分布。

5. 教工生活区绿地

该区为教工生活、居住区域，主要是居住建筑和道路，一般单独布置，位于校园一隅，以求安静、清幽。其绿地分布同居住区。

6. 校园道路绿地

分布于校园中的道路系统，分隔各功能区，具交通运输功能。道路绿地位于道路两侧，除行道树外，道路外侧绿地与相邻的功能区绿地融合。

7. 休息游览区绿地

在校园的重要地段可设置集中绿化区或景区，质高境幽，创造优美的校园环境，供学生休息散步、自学、交往，陶冶情操，热爱校园，起潜移默化作用。该区绿地呈团片状分布，是校园绿化的重点部位。

（三）大专院校园林绿地设计的原则

（1）以人为本，创造良好的校园人文环境；

（2）以自然为本，创造良好的校园生态环境；

（3）把美写入校园，创造符合大专院校高文化内涵的校园艺术环境。

（四）大专院校各区绿地规划设计要点

1. 校前区绿化

学校大门的绿化要与大门建筑形式相协调，以装饰观赏为主，衬托大门及立体建筑，突出庄重典雅、朴素大方、简洁明快、安静优美的高等学府校园环境。

学校大门绿化设计以规则式绿地为主，以校门、办公楼或教学楼为轴线，大门外使用常绿花灌木形成活泼而开朗的门景，两侧花墙用藤本植物进行配置。在学校四周围墙处，选用常绿乔灌木自然式带状布置，或以速生树种形成校园外围林带。大门外面的绿化要与街景一致，但又要体现学校特色。大门内在轴线上布置广场、花坛、水池、喷泉、雕塑和主干道。轴线两侧对称布置装饰或休息性绿地。在开阔的草地上种植树丛，点缀花灌木，自然活泼。或植草坪及整形修剪的绿篱、花灌木，低矮开朗，富有图案装饰效果。在主干道两侧植高大挺拔的行道树，外侧适当种植绿篱、花灌木，形成开阔的绿荫大道。

学校大门绿化要与教学科研区衔接过渡，为体现庄重效果，常绿树应占较大比例。

2. 教学科研区绿化

教学科研区绿地主要满足全校师生教学、科研的需要，提供安静优美的环境，也为学生创造课间进行适当活动的绿色室外空间。教学科研主楼前的广场设计，以大面积铺装为主，结合花坛、草坪，布置喷泉、雕塑、花架、园灯等园林小品，体现简洁、开阔的景观特色（有的学校该广场就是校前区的一部分）。

教学楼周围的基础绿带，在不影响楼内通风采光的条件下，多种植落叶乔灌木。为满足学生休息、集会、交流等活动的需要，教学楼之间的广场空间应注意体现其开放性、综合性的特点，并具有良好的尺度和景观，以乔木为主，花灌木点缀。绿地布局平面上要注意其图案构成和线型设计，以丰富的植物及色彩，形成适合师生在楼上俯视的鸟瞰画面，立面要与建筑主体相协调，并衬托美化建筑，使绿地成为该区空间的休闲主体和景观的重要组成部分。

大礼堂是集会的场所,正面入口前设置集散广场,绿化同校前区,空间较小,内容相应简单。大礼堂周围基础栽植,以绿篱和装饰树种为主。礼堂外围可根据道路和场地大小,布置草坪、树林或花坛,以便人流集散。

实验楼的绿化同教学楼,还要根据不同实验室的特殊要求,在选择树种时,综合考虑防火、防爆及空气洁净程度等因素。

图书馆是图书资料的储藏之处,为师生教学、科学活动服务,也是学校标志性建筑,其周围的布局与绿化同大礼堂。

3. 生活区绿化

大专院校为方便师生学习、工作和生活,校园内设置有生活区和各种服务设施,该区是丰富多彩、生动活泼的区域。生活区绿化应以校园绿化基调为前提,根据场地大小,兼顾交通、休息、活动、观赏诸功能,因地制宜进行设计。食堂、浴室、商店、银行、邮局前要留有一定的交通集散及活动场地,周围可留基础绿带,种植花草树木,活动场地中心或周边可设置花坛或种植庭荫树。

学生宿舍区绿化可根据楼间距大小,结合楼前道路,进行设计。楼间距较小时,在楼梯口之间只进行基础栽植或硬化铺装。场地较大时,可结合行道树,形成封闭式的观赏性绿地,或布置成庭院式休闲性绿地,铺装地面,花坛、花架、基础绿带和庭荫树池结合,形成良好的学习、休闲场地。

后勤服务区绿化同生活区,还要根据水、电、热力及各种气体动力站、仓库、维修车间等管线和设施的特殊要求,在选择配置树种时,综合考虑防火、防爆等因素。

4. 体育活动区绿化

体育活动区在场地四周栽植高大乔木,下层配置耐阴的花灌木,形成一定层次和密度的绿荫,能有效地遮挡夏季阳光的照射和冬季寒风的侵袭,减弱噪声对外界的干扰。为保证运动员及其他人员的安全,运动场四周可设围栏。在适当之处设置坐凳,供人们观看比赛。设坐凳处可植乔木遮阴。室外运动场的绿化不能影响体育活动和比赛,以及观众的通视,应严格按照体育场地及设施的有关规范进行。体育馆建筑周围应因地制宜地进行基础绿带绿化。

5. 道路绿化

校园道路两侧行道树应以落叶乔木为主,构成道路绿地的主体和骨架,浓荫覆盖,有利于师生们的工作、学习和生活,在行道树外侧植草坪或点缀花灌木,形成色彩、层次丰富的道路侧旁景观。

6. 休息游览绿地

大专院校一般面积较大,在校园的重要地段设置花园式或游园式绿地,供师生休闲、观赏、游览和读书。另外,大专院校中的花圃、苗圃、气象观测站等科学实验园地,以及植物园、树木园也可以园林形式布置成休息游览绿地。

休息游览绿地规划设计的构图形式、内容及设施,要根据场地地形地势、周围道路、建筑等环境,综合考虑,因地制宜地进行。

校园绿地设计实例

晋华中学 Experiences of middle school

设计说明

校园的景观规划是校园环境建设的重要组成部分，它对于营造良好的学习氛围起着重要作用。学校是学生的第二家园，安静、卫生、优美的校园环境可以为师生提供课外休息活动的场所，能够使师生观赏到优美的植物景观，呼吸新鲜空气，调剂大脑，消除疲劳。同时，优美的校园环境能使学生得到美的熏陶，促进学生的身心健康发展，对学生的健康品质的塑造起着潜移默化的作用。把握校园文化的特质，深入研究校园环境特色，建立一个生态效益良好，景态优美的中学校园具有重要的作用。

一、项目概况:

晋华中学位于榆次区新建街，学校占地70余亩，建筑面积10000m^2。

二、设计构思：

首先，学校是育人的场所，景观设计要充分体现校园的文化气息，营造良好的学习氛围，使校园景观能对学生的行为产生积极的引导作用。

其次，探索空间环境的景观文化意境完美结合的表达方式，创造符合校园精神特征的优美的教学环境和理想的生活家园。

第三，要深刻理解校园的规划的创意与理念，使其在景观环境设计中得以延续和强化

三、设计方案：

校园的景观设计最基本的前提是要充分了解校园空间利用者的各种需求，从而决定如何设置相应的绿地空间。本方案结合晋华中学校园整体布局的特点，设计中采用现代主义建筑中常用的具有引导功能的轴线处理手法，以达到与校园整体相适应的有秩序又优美的效果。按照校园景观设计的功能区分为以下几个部分。

入口是从公共空间进入私密空间移动的过程，是十分重要的区域。校园入口是由外部环境向校园环境过渡的重要空间，是展示校园特色的重要区域。从功能上讲，入口区的一个重要是引导学校人流集散。晋华中学校门对正滨河景观绿化带，校围墙外为标准段绿化带。主入口区应该与之相协调。在设计中要求创造适宜的环境满足学生的行为需求，使校园充满特有的场所精神。

入口广场是体现学校特点的重要场所，又是学生聚会的主要场地。在设计中既要体现广场作为人流集散地的特点，又要与校园环境相协调。本入口广场采用特色铺装来体现以上要求，广场两侧设有石刻小品和园灯，增加了趣味性，丰富了广场景观。由于广场中心开阔，人的视线可以连贯的欣赏到景观大道、大道尽头的主题雕塑和运动场，视野广阔，充分展示了校园景观，让人在体验了严谨、亲切的校园氛围的同时意识到，已进入校园领域。

中庭和前庭是提供人们进行小歇、户外交流、学习或交往的场所。它是缓解人们在学习、工作、研究中的紧张情绪的镇静剂。在庭院绿地中，设计了一个木制花架，形成庭中的一个配景，丰富庭院内容。

四、总结

校园环境要求完整性、稳定性和统一性，要求一种具有严格理性和有意义的设计。校园环境应是恬静和充满文化气息的空间，它的设计应创造一个户外学习、休息、思考、交流和集会等适应中学生要求的活动场所。

现代教育理念提供以人为本、注重功能、技术和使用特点，打破对人发展的禁锢，解放人的个性，由重“教”转到重“学”上。校园规划设计应本着人本主义原则；生态优化原则；创新开放原则；地方性原则等理念，为学生提供表达情感、启发智力、培养兴趣、提高素质的场所。

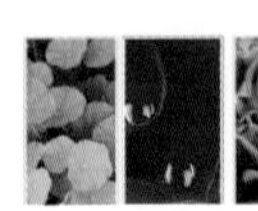

晋华中学 Experiences of middle school

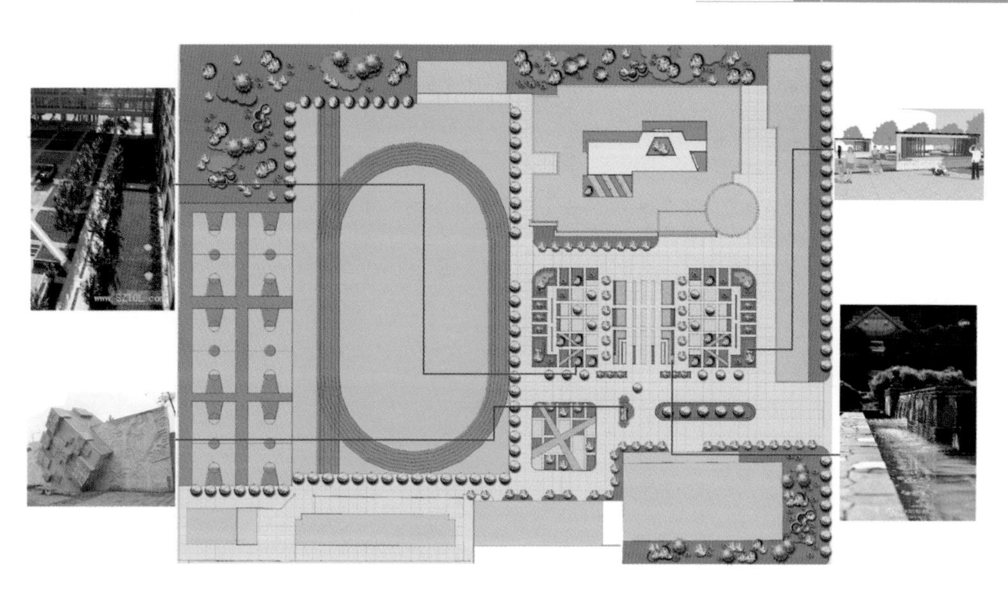

方案一

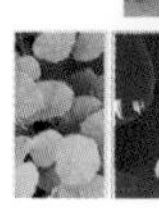

鸟瞰图

晋华中学 Experiences of middle school

局部示意图

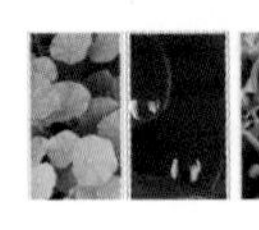

局部示意图

晋华中学 Experiences of middle school

局部示意图

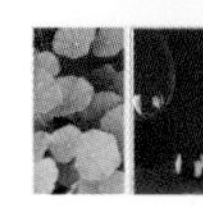

局部示意图

晋华中学 Experiences of middle school

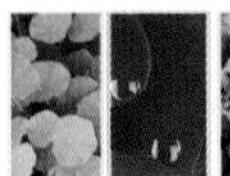

局部示意图

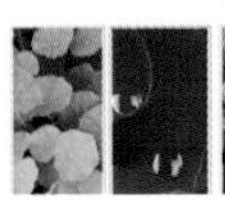

局部示意图

晋华中学 Experiences of middle school

局部示意图

晋华中学 Experiences of middle school

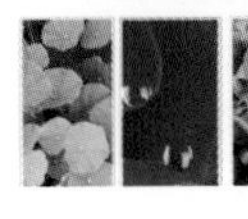

局部示意图

晋华中学 Experiences of middle school

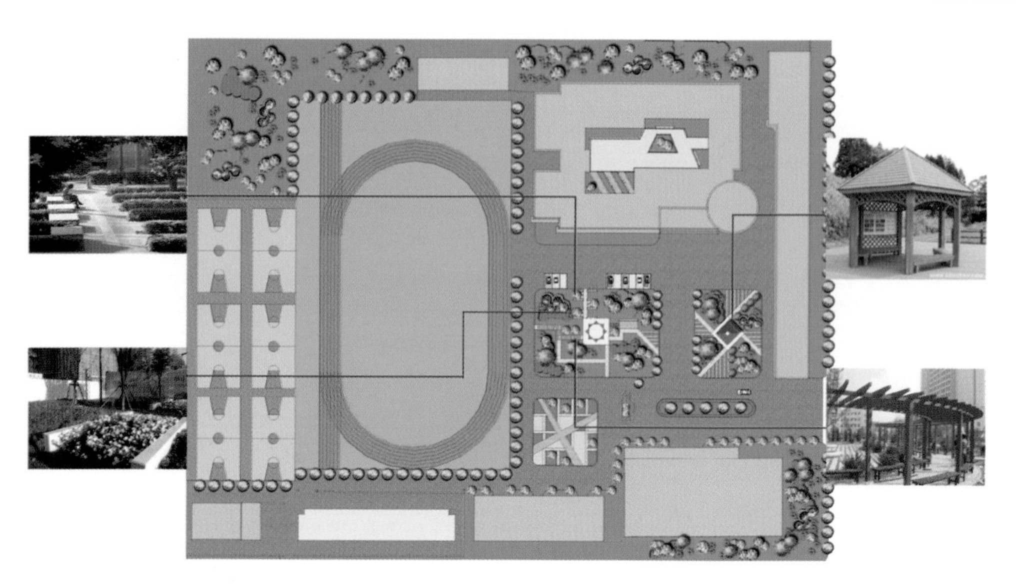

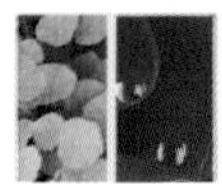

方案二

晋华中学

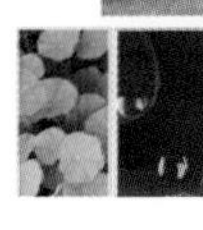

鸟瞰图

晋华中学 Experiences of middle school

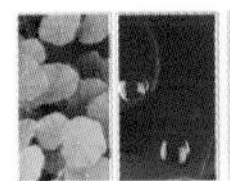

TXOH | offset–
heatset printing ink

晋华中学 Experiences of middle school

局部示意图

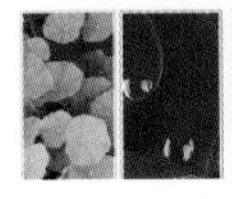

TXOH | offset–
heatset printing ink

晋华中学 Experiences of middle school

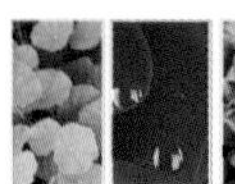

局部示意图

晋华中学 Experiences of middle school

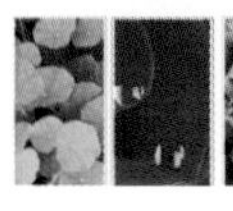

局部示意图

晋华中学 Experiences of middle school

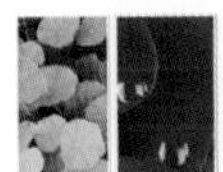

局部示意图

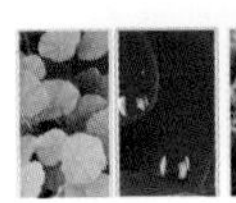

局部示意图

晋华中学 Experiences of middle school

道路铺装：道路铺装包括主干道、人行道和小园路铺装。主干道采用沥青路面，人行道铺装以道板砖、火烧板、广场砖为主。多种铺装形式使原本僵直的道路显得不是那么单调。小园路则以青石、卵石、彩色水泥等多种材料合理搭配，配合绿化营造出丰富多彩的道路景观。硬质地面的铺装，在景观设计过程中着重于对其进行质感的推敲，使整体风格与肌理变化细腻而富有人情味，细部的别具匠心的安排也使之区别于其他景观设计。

TXQH offset— heatset printing ink

道路铺装意向图

晋华中学 Experiences of middle school

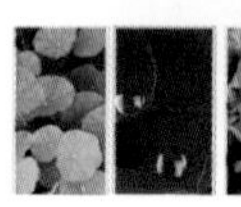

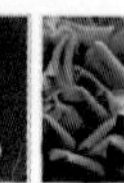

TXQH offset— heatset printing ink

小品示意图

晋华中学 Experiences of middle school

灯光设置：灯光设计集景观和实用于一体，既为游人夜间使用户外场地提供方便，又为景观的夜景增加魅力，根据实用方式和景观要求的不同，设置庭院灯、草坪灯、泛光灯三类，所选灯具均采用雷士照明系列。

照明示意图

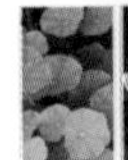

晋华中学 Experiences of middle school

1、强调以“适地适树”为本。

优先选用大量的北方乡土树种，如国槐、柳树、栾树、合欢等，确保苗木成活率，经济实用，节约成本。

2、提高树种多样性。

乔、灌木结合，常绿、落叶结合，草皮、地被结合，相互联系、相互影响生态关系，再现自然生态小群落

3、季相景观明显。

根据植物的景观特征及物候期的不同，巧妙搭配和组合树种，使小区内常年观绿，四季有花，形成“春观翠柳万千条，夏看荷花满池沼；秋望枫叶红似火，冬赏寒梅迎雪飘”的季相景观效果。

4、艺术手法多样化。

通过对植、列植、丛植等配置手法，软化建筑及硬质景观线条，构成多种景观空间；同时，利用植物与景观小品设施的结合，强调绿化空间的开放性与渗透性。合理设计微地形，选用不同高度的植物，通过种植密度的差异，营造浓密树林、阳光草坪的景观效果，迎合现代都市人群对绿色、阳光、自然的亲近与渴求心里。

地被

植物种植设计

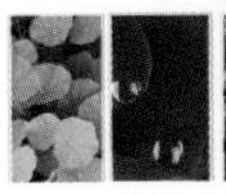

TXOH | offset—
heatset printing ink

知识储备

1. 工矿企业绿地规划设计的原则有哪些？
2. 工矿企业绿地规划设计的注意事项有哪些？
3. 校园绿地规划设计的原则有哪些？
4. 校园绿地规划设计的注意事项有哪些？

任务实施

1. 抄绘单位附属绿地设计平、立、剖面图，并用彩铅着色。
2. 设计标准段单位附属绿地，徒手绘制出平、立、剖面图，并用彩铅着色。
3. 制作单位附属绿地的模型。
4. 用计算机进行单位附属绿地的彩色平面效果图制作。
5. 用计算机进行单位附属绿地鸟瞰效果图与局部效果表现图的绘制。

任务六　公园绿地方案设计

学习目标

- 会正确应用国家制图的标准；
- 能理解公园绿地设计主题的构思与确定；
- 会进行公园绿地基本形式的设计；
- 会公园绿地的模型制作与渲染；
- 能进行公园绿地的彩色平面效果图制作；
- 能进行公园绿地鸟瞰效果图与局部效果表现。

建议学时：14 学时

学习活动 1　公园绿地项目准备

学习目标

1. 了解规划区域的现状资料及文化资料；
2. 了解国家制图的标准；
3. 了解规划区域的分区及表现技法；
4. 会正确应用国家制图的标准。

情景描述

在做公园绿地方案设计时，设计者应先进行基地调查，熟悉物质环境、社会文化环境和视觉环境，然后对所有与设计有关的内容进行概括和分析，最后拿出合理的方案，完成设计。因此，在公园绿地项目准备活动中，要求：根据任务书的内容进行基地调查，收集与基地有关的资料，补充并完善不完整的内容，对整个路段及周围环境进行综合分析。结果用图片、表格或图解的方式表示。可以拍成照片或徒手线条勾绘，图面应简洁、醒目、说明问题。

知识链接

城市公园绿地是为市民提供游览、观赏、休息及活动的场所，它是由政府或公共团体投资管理的市政绿化用地。

城市公园绿地对美化城市面貌、平衡城市生态环境、调节气候、净化空气等均有积极的作用，被称之为城市的“肺”。无论在国内或国外，在作为城市基础设施之一的绿地建设中，公园都占有最重要的地位。城市公园的数量与质量既体现了该城市园林绿化的艺术水平，同时也展示了该城市的精神风貌。

世界造园已有六千多年的历史，而公园的出现却只是近一、二百年的事。18 世纪 60 年代英国工业革命开始后，资本主义迅猛发展，工业盲目建设，破坏了自然生态；城市人口急剧增加，用地不断扩大，使人们越来越远离了自然环境，特别是居住在城市中的工人阶级，生活环境更为恶化。在这样的社会历史条件下，资产阶级对城市进行了某些改善，把若干私人或专用的园林绿地划作公共使用，或新辟一些公共绿地，称之为公共花园和公园。这样就在资本主义国家城市中首先出现了“公园”。

1840 年鸦片战争后，帝国主义纷纷入侵，在我国开设了租界。殖民者为了满足自己游憩活动的需要，把欧洲的“公园”也引进我国来了。1868 年在上海公共租界建造的“公花园”（现黄浦公园）就是最早的一个。之后，殖民者又陆续在上海建了“虹口公园”、“法国公园”（现复兴公园）、“极司菲尔公园”（现中山公园）等，其风格主要是英国风景式或法国规则式，具有大片草坪、树林和花坛，极少建筑。这些公园，在功能、布局和风格上都反映了外来的特征，但对我国公园的发展建设具有一定的影响。

1906 年，在无锡由地方乡绅筹资兴建了“锡金公花园”，可以说是我国最早自己兴建公园的雏形，仿照外国公园，内有土山、树林草地和小亭一座。辛亥革命后，孙中山先生下令将广州越秀山辟为公园，当时的一批民主主义者也极力宣传西方“田园城市”思想，倡导筹建公园，于是在一些城市里，相继出现了一批公园，如广州的越秀公园，汉口的市府公园（现中山公园），北平的中央公园（现中山公园）、南京的玄武湖公园、杭州的中山公园，汕头的中山公园等。这些公园大多是在原有风景名胜基础上整理改建的，有的本来就是古典园林，也有的是参照欧洲公园的风格扩建、新辟的。

新中国成立后，由于国家对人民文化休闲活动的关心，对城市园林建设的重视，使公园得到较大的发展。全国已扩建、改建和新建了许多公园，已经成为城市居民游憩、社交、锻炼身体，文化娱乐和获取自然信息必不可少的重要场所。公园类型也逐渐增多，有满足人们多种需要的综合公园，有性质比较单一的专类公园，如儿童公园、纪念性公园（陵园）、名胜古迹公园、动物园、植物园、文化公园、森林公园、青年公园、科学公园、体育公园等，还有其他公园绿地，如居住区公园，滨水（海、江、河、湖）绿带、街道游园等。在公园内容和设施方面也不断充实和提高，满足不同年龄段人民的需求，在规划设计及园林风格方面，充分研究我国传统园林，结合现代城市生态环境、游人活动要求和使用频率，探求适合于我国的城市公园布局体系及园林风格。

本章内容主要介绍综合性公园、滨水公园、专类公园（包括动物园、植物园、儿童公园、体育公园、纪念性公园等）规划设计的原则、内容及方法等。

一、综合性公园规划设计概述

综合性公园是城市绿地系统的重要组成部分，它一般面积大、环境优美，具有丰富的户外游憩内容、服务项目等，适合各种年龄和职业的市民使用。它是群众性文化教育、娱乐活动、游览休憩不可缺少的场所，并对美化城市、改善环境起着重要的作用。

综合性公园在城市中按其服务范围可分为全市性公园和区级公园。全市性公园为全市居民服务，是全市公共绿地中面积最大、活动内容和游憩服务设施较完善的绿地，公园面积随市区市民总人数的多少而有所不同。在面积较大、人口较多的城市中，通常划分有若干个行政区，位于某个行政区内为这个区市民服务的公园称为区级公园，其园内也有较丰富的内容和设施，其面积根据服务半径和服务人数而定。

综合性公园除具有城市公共绿地的一般作用外，在以下几方面的功能作用尤为突出。游乐休憩方面：考虑到各年龄段、不同职业、爱好、习惯等的不同要求，设置各类活动项目、休息服务设施，以满足各种需求。科普教育方面：宣传科学技术新成果，普及自然生物生态知识，寓教于游中，潜移默化地影响游人，提高人们的科学文化知识。政治文化方面：在举办节日游园活动中，宣传党的方针政策、介绍时事新闻，树立人们爱国爱民的思想，提高人们的政治水平。

二、滨水公园规划设计概述

自20世纪70—80年代以来，在国际城市开发潮流中，城市的滨水区日益受到重视，城市设计如何与水环境相结合，以体现人与自然的和谐相处，也受到相应的关注、阐释和发展。滨水景观是城市中最具生命力与变化的景观形态，是城市中理想的生境走廊，也是最高质量的城市绿线。

目前城市中的滨水公园大多为带状绿地，是以带状水域为核心，以水岸绿化为特征。一个完整的滨水绿带景观是由水面、水滩和水岸林带等组成，这种空间结构为鱼类、鸟类、昆虫类、小型哺乳类动物及各种植物提供了良好的生存环境以及迁徙廊道，是城市中可以自我保养和更新的天然花园。

滨水公园的景观设计，应确定其总体功能定位，在此基础上考虑土地使用功能是否恰当，是否需要调整，确定景观布局的方式，进而改善相关河道与道路的关系。滨水公园范围的确定不仅指基地本身的范围，还应包括从空间、景观、视线分析得到的景观范围。

三、动物园规划设计

动物园是集中饲养、展览和研究野生动物及少量优良品种家禽、家畜，供观赏、普及科学知识，进行科学研究和动物繁育，并具有良好设施的绿地。在大城市中一般独立设置，中小城市常附设在综合公园中。

1. 动物园的性质与任务

动物园的主要任务是普及动物科学知识，向游人介绍各种动物的名称、产地、习性、用途等，了解动物在世界各地的分布、资源状况，以及动物与人类的关系等。作为中、小学生生物课的直观教材和大学生物系学生的实习基地。研究野生动物的驯化和繁殖，通过对野生动物的驯化和饲养，观察其习性，并对其病理和治疗方法以及动物的繁殖进行研究，从而进一步揭示动物的变异进化规律，创造新品种，使动物为人类服务。积极参与濒临灭种的野生动物的保护工作。通过动物资源的国际交流，增进各国的友谊。

2. 动物园的分类

由于动物收集、交流不易，饲养成本和饲养技术要求较高，同时对猛兽的饲养还涉及安全问题，因此，动物园的建立还不够普及。各地应根据经济力量和可能条件，量力而行。

目前，国内动物园依其规模（主要指饲养动物品种数）可分为以下5种：

①全国性动物园

如北京、上海、广州三市的动物园，展出动物品种将逐步达到700种，用地面积一般在 $60hm^2$ 以上。

②地区性动物园

如天津、哈尔滨、西安、成都、武汉五个城市的动物园，展出动物品种将逐步达到400种，用地面积一般为 $20\sim60hm^2$。

③特色性动物园

指一般省会城市的动物园，如长沙、杭州等地动物园，主要展出本地野生特产动物，展出品种控制在200种左右，面积宜在 $15\sim60hm^2$。

④大型野生动物园

指位于城郊风景区内的动物园，动物展示由笼养发展为自然环境中的散养，展出的动物种类和数量都是其他动物园所无法相比的，游人参观路线可以分为步行系统和车行系统，用地面积大于 $100hm^2$。

⑤小型动物展区（动物角）

指中、小城市动物园和附设在综合性公园中的动物展区，如南京玄武湖菱洲动物园、上海杨浦公园动物展区等，展出动物品种在200种以下，用地面积应小于 $15hm^2$。在《公园设计规范》中规定，在已有动物园的城市，综合性公园中不得设大型动物、猛禽类动物展区，鸟类、金鱼类、兔类、猴类展区可在综合性公园内选择一个角落布置。

3. 动物园的功能分区

大中型动物园，一般可分为以下几个区：

(1)科普区

科普区是全园科普科研活动的中心，区内可设标本室、解剖室、化验室、研究室、宣传室、阅览室、录像放映厅等。如南京红山森林动物园两栖爬行馆以普及科普知识为主，展厅内既有仿实景展示的动物，又有大型的解说式展板。一般布置在出入口地段，使其用地宽敞，交通方便。

(2)动物展区

动物展区是动物园用地面积最大的区域。不论是笼养式动物园还是放养式动物园，展览顺序的安排是体现动物园设计主题的关键。

①按动物的进化顺序安排。我国大多数动物园都以突出动物的进化顺序为主，即由低等动物到高等动物，由无脊椎动物—鱼类—两栖类—爬行类—鸟类—哺乳类。在这顺序下，结合动物的生态习性、地理分布、游人爱好、地方珍贵动物、建筑艺术等，作局部调整。

②按动物原产地进行安排。按照动物原产地的不同，结合原产地的自然风景、人文建筑风格来布置陈列动物。其优点是便于了解动物的原产地、动物的生活习性，体会动物原产地的景观特征、建筑风格及风俗文化，具有较鲜明的景观特色。其缺点是难以使游人宏观感受动物进化系统的概念，饲养管理上不便。

③按动物生态习性安排。即按动物生活环境，如分水生、高山、疏林、草原、沙漠、冰山等，这种布置对动物生长有利，园容也生动自然。如长春动植物园，在园内开辟了一处近 $10hm^2$ 的长白山原野展区，在原野东部的湖西岸，利用城市的建筑垃圾、挖湖的泥土，人工堆

建了一座占地 3hm^2，高 40m 的大山。从山下至山顶，模拟长白山区植物的垂直分布带特点，分带种植代表植物，形成长白山植物景观特点。原野的周围用沟隔起来，在其内除种植大量的野生植物外，还把北方的野生动物散放到原野内。原野内不搞建筑，动物在山洞或地穴里栖息。在原野的外缘还修建熊、野猪、沙漠有蹄类等小原野。这种展览形式，不仅对动物生长有利，而且还可增加人们的游兴，给人们以自然美的享受。

④按游人参观的形式安排。大型的动物园可以按游人参观的形式分为车行区和步行区。如重庆野生动物世界，园区以放养式观赏野生动物方式为主，步行区游览占地 187hm^2，由长林山、熊猫山、白虎山、凤凰山四山相抱，在步行区游览中，游客也可以乘电瓶车游览步行区。步行区分为五大区：灵长动物区、大型食草动物区、涉禽区、猛兽动物区、鹦鹉长廊和表演区。车行区是目前国内最大最符合野生动物生活的放养式展示观赏区，占地面积为 147hm^2，观赏线路达 5km，途经澳大利亚丛林、猛兽王国、欧亚大陆和非洲原野四大区域。整个车行区是野生动物世界最为精彩壮观，完全自然生态的野生动物观赏区。

(3)服务休息区

包括科普宣传廊、小卖部、茶室、餐厅、摄影部等。如上海动物园将此区置于园内中部地段，并配置大片草地、树林和水面，不仅方便了游人，也为游人提供了大面积的景色优美的休息绿地，这种布置方法比零星分布的布局要好得多。

(4)办公管理区

包括饲料站、兽医站、检疫站、行政办公室等，其位置一般设在园内隐蔽偏僻处，并要有绿化隔离，但要与动物展区、动物科普馆等有方便的联系。此区应设专用出入口，以便运输与对外联系，有的将兽医站、检疫站设在园外。

四、植物园规划设计

1. 植物园的性质与任务

植物园是植物科学研究机构，也是采集、鉴定、引种驯化、栽培实验的中心，是可供人们游览的公园。其主要任务是发掘野生植物资源，引进国内外重要的经济植物，调查收集稀有珍贵和濒危植物的种类，以丰富栽培植物的种类或品种，为生产实践服务。研究植物的生长发育规律，植物引种后的适应性和经济性及遗传变异规律，总结和提高植物引种驯化的理论和方法。建立具有园林外貌和科学内容的各种展览和试验区，作为科研、科普的园地。同时，植物园还担负着向人民普及植物科学知识的任务。除此之外，还应为广大人民群众提供游览休息的场所。

2. 植物园的分类

植物园按其性质可分为：综合性植物园和专业性植物园。

(1)综合性植物园

综合性植物园兼有多种职能，即科研、游览、科普及生产，一般规模较大，占地面积在 100ha 左右，内容丰富。

目前在我国，这类植物园的隶属关系有的归科学院系统，以科研为主结合其他功能，如北京植物园(南园)、南京中山植物园、武汉植物园、昆明植物园、贵州植物园、庐山植物园、华南植物园、西双版纳植物园等；有的归园林系统，以观光游览为主，结合科研科普和生产功能，如北京植物园(北园)、上海植物园、青岛植物园、杭州植物园、厦门植物园、深圳仙湖植物园、洛阳植物园。

(2)专业性植物园

专业性植物园指根据一定的学科专业内容布置的植物标本园。如树木园、花圃园。这类植物园大多数属于科研单位、大专院校。所以，又可以称之为附属植物园，如浙江大学植物园、广州中山大学标本园、南京药用植物园、武汉大学树木园。

3. 植物园功能分区

综合性植物园主要分为两大部分，即以科普为主，结合科研与生产的科普展览区和以科研为主，结合生产的苗圃及试验区。此外还有职工生活区。

(1)科普展览区

目的在于把植物生长的自然规律，以及人类利用植物、改造植物的知识陈列和展览出来，供人们参观学习。主要内容如下：

①植物进化系统展览区。该区是按照植物进化系统分目、分科布置，反映出植物由低级到高级的进化过程，使参观者不仅能得到植物进化系统的概念，而且对植物的分类、各科属特征也有个概括了解。但是往往在系统上相近的植物，对生态环境、生活因子要求不一定相近，在生态习性上能组成一个群落的植物，在分类系统上又不一定相近，所以在植物配置上只能做到大体上符合分类系统的要求。即在反映植物分类系统的前提下，结合生态习性要求，园林艺术效果进行布置。这样既有科学性，又切合客观实际，容易形成较优美的园林外貌。

②经济植物展览区。是展示经过搜集以后认为大有前途，经过栽培试验确属有用的经济植物。为农业、医药、林业以及园林结合生产提供参考资料，并加以推广。一般按照用途分区布置。如药用植物、纤维植物、芳香植物、油料植物、淀粉植物、橡胶植物、含糖植物等。

③抗性植物展览区。随着工业水平高速度的发展，所引起的环境污染，不仅危害人民的身体健康，而且对农业、渔业等也有很大的伤害。植物能吸收氯化氢、二氧化硫、二氧化氮和氨等有害气体，早已被人们所了解，但是其抗有毒物质的强弱、吸收有毒气体的能力大小，常因树种不同而异，这就必须进行研究、试验、培育，把证明对大气污染物质有较强抗性和吸收能力的树种，挑选出来，按其抗毒物质的类型、强弱分组移植本区进行展览，也为园林绿化选择抗性树种提供可靠的科学依据。

④水生植物区。根据植物有水生、湿生、沼生等不同特点，喜静水或动水的不同要求，在不同深浅的水体里，或山石溪流之中，布置成独具一格的水景园，既可普及水生植物方面的知识，又可为游人提供良好的休息环境。但是水体表面不能全被植物封闭，否则水面的倒影和明暗变化都会被植物所掩盖，影响景观，所以经常要用人工措施来控制其蔓延。

⑤岩石植物区。该区多设置在地形起伏的山坡地上，利用自然裸露岩石造成岩石园或人工布置山石，配以色彩丰富的岩石植物和高山植物进行展出，并可适量修建一些体型轻巧活泼的休息建筑，构成园内一个风景点，用地面积不大，却能给人留下深刻的印象。

⑥树木区。展览本地区或从国内外引进的一些在当地能够露地生长的主要乔灌木树种。此区一般占地面积较大，展览用地的地形、气候条件、土壤类型厚度都要求丰富些，以适应各种类型植物的生态要求。植物的布置，通常按地理分布栽植，借以了解世界木本植物分布的大体轮廓。也可以按分类系统布置，便于了解植物的科属特性和进化线索，究竟以何种

形式布置一般依照具体情况而定。

⑦专类区。把一些具有一定特色、栽培历史悠久、品种变种丰富，用途广泛和具有很高观赏价值的植物，加以搜集，辟为专区集中栽植，如山茶、杜鹃、月季、玫瑰、牡丹、芍药、荷花、槭树等任一种都可形成专类园，也可以由几种植物根据生态习性要求、观赏效果等加以综合配置，能够收到更好的艺术效果。以杭州植物园中的槭树、杜鹃园为例，此区以配置杜鹃、槭树为主。槭树树形、叶形都很美观，杜鹃花色彩艳丽，两者相配，衬以叠石，便可形成一幅优美的画面。但是它们都喜阴湿环境，故以山毛榉科的常绿树为上木，槭树为中木，杜鹃为下木，既满足了生态习性要求，又丰富了垂直构图的艺术效果。园中辟有草坪，设凉亭供游人休息，景色十分优美。

⑧温室区。温室区是展出不能在本地区露地越冬，必须有温室设备才能正常生长发育的植物。为了适应体形较大的植物生长和游人观赏的需要，温室的高度和宽度，都远远超过一般繁殖温室，体形庞大，外观雄伟，是植物园中的重要建筑。温室面积大小，与展览内容多少、品种体形大小，以及园址所在地的地理位置等因素有关，如北方天气寒冷，进温室的品种必然多于南方，所以温室面积就比南方大一些。

植物园中科普展览区常见的类型主要就是以上八种，至于植物园中科普展览区到底应设几种类型为好，还要结合当地实际情况而定。

(2)苗圃及试验区

苗圃及试验区，是专供科学研究和结合生产的用地。为了避免干扰，减少人为破坏，一般不对群众开放，仅供专业人员参观学习。主要部分如下：

①温室区。主要用于引种驯化、杂交育种、植物繁殖、贮藏不能越冬的植物以及其他科学实验。

②苗圃区。植物园的苗圃包括实验苗圃、繁殖苗圃、移植苗圃、原始材料圃等，用途广泛，内容较多。苗圃用地要求地势平坦、土壤深厚、水源充足，排灌方便，地点应靠近实验室、研究室、温室等。用地要集中，还要有一些附属设施如荫棚、种子和球根贮藏室、土壤肥料制作室、工具房等。

(3)职工生活区

植物园多数位于郊区，路途较远，为了方便职工上下班，减少城市交通压力，植物园应修建职工生活区，包括宿舍、食堂、托儿所、理发室、浴室、锅炉房、综合服务商店、车库等。布置同一般生活区。

4. 植物园位置的选择要求

(1)要有方便的交通，离市区不能太远，游人容易到达，有利于开展科普工作。但是应该远离工厂或水源污染区，以免植物遭到污染引起大量死亡。

(2)为了满足植物对不同生态环境、生活因子的要求，园址应该具有较为复杂的地貌和不同的小气候条件。

(3)要有充足的水源，最好具有高低不同的地下水位，既方便灌溉，又能解决引种驯化栽培的需要。对于丰富园内景观来说，水体也是不可缺少的因素。

(4)要有不同的土壤条件、不同的土壤结构和不同的酸碱度。同时要求土层深厚，含腐殖质高，排水良好。

(5)园址内最好具有丰富的天然植被，供建园时利用，这对加速实现植物园的建设是个有利条件。

5. 植物园的规划要求

(1)首先明确建园目的、性质与任务。

(2)决定植物园的分区与用地面积，一般展览区用地如面积较大可占总面积的40%～60%，苗圃及实验区用地占25%～35%，其他用地约占25%～35%。

(3)展览区面向群众开放，宜选用地形富于变化、交通联系方便、游人易于到达的地方，另一种偏重科研或游人量较少的展览区，宜布置在稍远的地点。

(4)苗圃及实验区是进行科研和生产的场所，不向群众开放，应与展览区隔离。但是要与城市交通线有方便联系，并设有专用入口。

(5)确定建筑数量及位置

植物园建筑有展览建筑、科学研究建筑及服务性建筑三类：

①展览建筑，包括展览温室、大型植物博物馆、展览荫棚、科普宣传廊等。展览温室和植物博物馆是植物园的主要建筑，游人比较集中，应位于重要的地方，靠近主次出入口，常成为全园的构图中心。科普宣传廊应根据需要，分散布置在各区内。

②科学研究建筑，包括图书资料室、标本室、试验室、工作间、气象站等。苗圃的附属建筑还有繁殖温室、繁殖荫棚、车库等。

③服务性建筑，包括植物园办公室、招待所、接待站、茶室、小卖部、食堂、休息亭廊、花架、厕所、停车场等，这类建筑的布局与公园情况类似。

(6)道路系统

道路系统不仅起着联系、分隔、引导作用，同时也是园林构图中一个不可忽视的因素。我国几个大型综合性植物园的道路设计，除入园主干道有采用林荫夹道的气氛外，多数采用自然式布置。主干道对坡度应有一定的控制，而其他道路都应充分利用原有地形，形成步移景异又一景的错综多变格局。道路的铺装、图案花纹的设计应与周围环境相互协调配合，纵横坡度一般要求不严，但应该以保证平整舒服不积水为准。

(7)植物园的排灌工程

植物园的植物品种丰富，养护条件要求较高，因此在做总规划的同时，必须做出排灌系统规划，保证旱可浇，涝可排。一般利用地势起伏的自然坡度或暗沟，将雨水排入附近的水体为主，但是在距离水体较远或排水不顺的地段，必须铺设雨水管，辅助排出。一切灌溉系统(除利用附近自然水体外)，均以埋设暗管为宜，避免明沟破坏园林景观。

6. 植物的园景规划

我国地域辽阔，自然条件千差万别，植物类型非常丰富。各地的植物园，虽说因其性质、任务等的不同，在分区规划、植物品种的收集等方面各有特色，但园景的特色可以说是最引人注目的。

植物园的园景是在满足分类展示功能的前提下，以绿色植物为主体而形成的一种景观。如果处理简单，就会变成苗圃式的树林。因此，只有精心地从功能分区和植物空间的动态设计上下大力气，方可获得理想的园景效果。

植物园的景观，一般有以下几种类型：

(1)以植物分类为主的群体林相景观

许多植物园在植物展出时，是按植物分类学的科、种进行栽植的，这种展出方式往往比较呆板。为了改善景观效果,可从“量”的方面加以调整,即:对于观赏价值高的“属”收集和种植的面大一些。如我国华南植物园竹类标本园,收集了 80 多种华南产的丛生竹,但以黄金间碧玉造成主体景观。又如庐山植物园的松柏区(1.3hm^2),收集了裸子植物 10 科 37 属 240 个种和变种,但以落叶松、水杉、铁杉、雪松等树种组成的林木景观为主景,成为庐山植物园的特色之一。总之,在以分类系统为基础时,除了要考虑科学性以外,还要兼顾景观效果。

(2)以植物生态为主的景观

植物需要有自身的适生环境,不同的植物对不同的生态因子有不同的要求,植物对哪一种生态因子最敏感,则那种生态因子就是其生存的制约因子。如光是阴生植物的制约因子;水是水生、沼生、湿生植物的制约因子;土是沙生、岩生植物的制约因子;温度是热带植物的制约因子等。在满足植物生态条件的前提下,进行景观栽植,也可形成较好的景观效果。如岩石园、水景园、沼泽园、旱生植物园、耐盐植物园等。

(3)以地域性植物群落为主的景观

地域性植物群落景观是 20 世纪 80 年代兴起的景观规划中的一种,它随着纬度、海拔、土壤性质、气候、地貌等一系列因素而有明显的差别,我国几个大的区域性植被景观可以归纳如下:第一,寒温带落叶、针叶、阔叶纯林景观;第二,温带草原花草地被群落景观;第三,温带阔叶林及针叶林景观;第四,暖温带、亚热带常绿阔叶林景观;第五,热带阔叶林、常绿季雨林景观。

对于每一个地域性景观来讲,又可划分和提炼出许多植物群落类型,其中特别是具有较高美学欣赏价值的群落结构,是我们提取的重点,应将这些群落景观再现于所在区域的植物园中。

五、儿童公园规划设计

1. 儿童公园的性质与任务

儿童公园是城市中儿童游戏、娱乐、开展体育活动,并从中得到文化科学知识普及的专类公园。其主要任务是使儿童在活动中锻炼身体,增长知识,热爱自然,热爱科学,热爱祖国等,培养优良的社会风尚。

2. 儿童公园的类型

(1)综合性儿童公园

这种类型的儿童公园为全市少年儿童服务,一般宜设于城市中心部分,交通方便地段;面积较大,可在几十公顷至百公顷以上。这类儿童公园由于面积大,所以活动时间较长,内容较全面,规划中要尽量考虑儿童心理和生理特点,同时满足不同建筑物和活动设施的配置要求。一般规定绿化面积应占全园面积的 60%～70%。综合性儿童公园可以是市属和区属。

综合性儿童公园的范围和面积可在市级公园和区级公园之间,内容可包括:文化教育、科普宣传、体育活动、娱乐场地、动植物角、培训中心、管理服务区等内容。如湛江市儿童公园(面积 1.3hm^2)中就设有:南海少先队塑像、大象(白鹅)喷泉、儿童之家、沙地、转马、浪船、摇椅、跷跷板(高低板),电动海、陆、空旋转梯,浪桥、秋千、高台波浪滑梯、多向滑梯、攀登架、长征之路、演出舞台、鸟笼、孔雀笼、猴舍、小熊猫舍等多项活动内容和活动设施。

(2)特色性儿童公园

以突出某项活动内容或活动方式为主,再配以一般儿童公园应有的项目,构成比较系统又有特色的儿童公园。如哈尔滨儿童公园(总面积 $16hm^2$)布置了 2km 长的儿童小火车。从司机到列车长、列车员均由孩子担任,孩子们驾驶着自己的"少年号"机车,牵引七节满载游客的车厢奔驰在环形小铁路上,为公园增添了独特的魅力,以至于凡是哈尔滨来客,从国家元首到平民百姓,都以能乘坐一次儿童小火车为快。

(3)小型儿童乐园

一般在城市综合性公园内,为儿童开辟专区,占地不大,设施简易,规模较小,成为城市公园规划的组成部分,一般称之为儿童活动区。如北京紫竹公园、上海杨浦公园、天津水上公园内都布置有儿童乐园。

3. 儿童公园的功能分区

由于儿童公园的服务对象主要为幼儿、学龄儿童、青少年以及陪游的家长。作为主要游人的幼儿、学龄儿童和青少年,由于年龄段的不同,所以在生理、心理、体力上各有特点。儿童公园在功能分区规划时,必须根据他们的情况划分不同的活动区域。

(1)幼儿活动区

既有 6 岁以下儿童的游戏活动场所,又有陪伴幼儿的成人休息设施。其位置应选在居住区内或靠近住宅 100m 的地方,150～200 户的居住区内设一处,以方便幼儿到达为原则,其规模要求每位幼儿有 $10m^2$ 以上活动空间。其中应以高大乔木绿化为主,适当增设些游戏设施,如广场、沙坑、小屋、小玩具、小山、水池、花架、荫棚、桌椅、游戏室等,以培养幼儿团结、友爱及爱护公共财物的集体主义精神,还应配备厕所和一定的服务设施。在幼儿活动设施的附近要设置老人休息亭廊、坐凳等服务设施,供幼儿父母等成人使用。

(2)幼年儿童活动区

7～13 岁小学生活动场所,小学生进校后学习生活空间扩大,具有学习和嬉戏两方面的特征,具有成群活动的兴趣。其位置以日常生活领域为宜,要求设在没有汽车、火车等交通车辆通过的地段,以 300m 以内能到达为宜。一般在 1000 户的居住区内应设一处,其规模以每人 $30m^2$ 为宜,面积以 $3000m^2$ 为原则。其中绿化以大乔木为主,除以上各种游乐运动设施外,还应增设一些冒险活动、幻想设施、女生的静态游戏设施、凉亭、座椅、饮水台、钟塔等等。

(3)少年活动区

14～15 岁以上,为中学生时代,是成年的前期,男女在活动特征上有很大变化,喜欢运动与充分发挥精力。位置以居住区内少年儿童 10min 步行能到达为宜,故 600m 范围之内即可。规模以在园内活动少年每人 $50m^2$ 以上,整体面积在 $8000m^2$ 以上为好。其中设施除充分用大乔木绿化外,以增设棒球场、网球场、篮球场、足球场、游泳池等运动设施和场地为主。

(4)体育活动区

这是进行体育运动的场所,可增设一些障碍活动设施。儿童游戏场与安静休息区、游人密集区及城市干道之间,应用园林植物或自然地形等构成隔离地带。幼儿和学龄儿童使用的器械,应分别设置。游戏内容应保证安全、卫生和适合儿童特点,有利于开发智力,增强体质，不宜选用强刺激性、高能耗的器械。儿童游戏场内的建筑物、构筑物及室内外的各种使用设施、游戏器械和设备应结构坚固、耐用，要避免构造上的硬棱角；尺度应与儿童的人体尺度相适应；造型、色彩应符合儿童的心理特点；根据条件和需要设置游戏的管理监护设施。机动游乐设施及游艺机应符合《游艺机和游乐设施安全标准》(GB 8408)的规定；戏水池最深处的水深不得超过0.35m，池壁装饰材料应平整、光滑且不易脱落，池底应有防滑措施；儿童游戏场内应设置坐凳以及避雨、庇荫时用的休憩设施；宜设置饮水器、洗手池。场内园路应平整，路边沿不得采用锐利的边角；地表高差变化应采用缓坡过渡，不宜采用山石和挡土墙；游戏器械的地面宜采用耐磨、有柔性、不易引起扬尘的材料进行铺装。

(5)管理区

设有办公管理用房，与体育活动区之间设有一定隔离设施。

另外，还有一些其他形式的特色性儿童公园，如交通公园、幻想世界等。交通公园在各大城市中已有专为教育儿童交通规则的游乐性公园，其面积可以考虑在2hm^{2}左右，利用地形作道路交叉，以区分运动场、儿童游戏场的路线构成。在道路沿线设有：斑马线、交通标志、信号、照明、立交道、平交道、桥梁、分离带等，道路上设有微型车、小自行车以供儿童自己驾驶及儿童指挥等。在游乐过程中应有成人指导。

4. 儿童公园规划设计要点

由于儿童公园专为青少年儿童开放，所以在设计过程中，应考虑到儿童的特点，注意以下设计要点：

(1)儿童公园的用地应选择日照、通风、排水良好的地段。

(2)儿童公园的用地应选择或经人工设计后具有良好的自然环境，绿地一般要求占60%以上，绿化覆盖率宜占全园的70%以上。

(3)儿童公园的道路规划要求主次路系统明确，尤其主路能起到辨别方向、寻找活动场所的作用，最好在道路交叉处设图牌标注。园内路面宜平整，不设台阶，以便于推行车子和儿童骑小三轮车游戏的进行。

(4)幼儿活动区最好靠近儿童公园出入口，以便幼儿入园后，很快地进入幼儿游戏场开展活动。

(5)儿童公园的建筑、雕塑、设施、园林小品、园路等要形象生动、造型优美、色彩鲜明。园内活动场地题材多样，主题多运用童话寓言、民间故事、神话传说，注重教育性、知识性、科学性、趣味性和娱乐性。

(6)儿童公园的地形、水体创造十分重要。地形的设计，要求造景和游戏内容相结合，使用功能和游园活动相协调。在儿童公园内自然水体和人工水景也是不可缺少的组成部分。儿童公园中的地形设计，是以儿童开展游园活动要求为依据。为了保证游园的安全，地形设计时，不宜太险峻，而以平缓多变为宜。幼儿、青少年都喜爱水的活性，水的灵性。儿童公园中，有条件的地区，可以考虑设游泳池。幼儿游戏区可以考虑涉水池、戏水池、喷泉水池、人工瀑布等。另外，在有天然水源条件下，仿造出天鹅湖、鸭池、荷塘、流花溪、金沙滩等自然水体景观。

(7)创造庇荫环境，供儿童和陪游家长休息和等候。一般儿童公园内的游戏和活动广场多建在开阔的地段上。少年儿童经过一段兴奋的游戏活动和游园消耗，需要间歇性休息，就要求设计者创造遮阴场地，尤其在气候炎热地区，以满足散步、休息的需要。林荫道、遮阴广场、花架、休息亭廊、荫棚等为儿童和陪游的成人提供良好环境和休息设施。

(8)儿童公园的色彩学。少年儿童天真活泼，朝气蓬勃。故儿童公园多采用黄色、橙色、红色、蓝色、绿色等鲜艳的色彩，大多数采用暖色调，以创造热烈、激动、明朗、振作、向上的气氛。一般少用灰色、黑色或紫色、褐色等较沉闷、灰暗的色调。

(9)健康、安全是儿童公园设计成功的最基本指导思想。少年儿童正处于成长时期，在儿童公园中将得到美的享受，智的熏陶，体的锻炼。儿童公园的规划、活动设施、服务管理都必须遵循“安全第一”这一重要原则，让少年儿童高兴入园，平安回家。

六、体育公园规划设计

1.体育公园的性质与任务

体育公园是市民开展体育活动、锻炼身体的公园。按照不同的规模及设施的完备性，可分为两类：一类是具有完善体育场馆等设施，一般占地面积较大，可以开运动会；另一类是在城市中开辟一块绿地，安置一些体育活动设施，如各种球类运动场地及一些方便群众锻炼身体的设施，例如北京方庄小区的体育公园属于此种类型。体育公园的中心任务就是为群众的体育活动创造必要的条件。

2.体育公园的功能分区

(1)室内体育活动场馆区

此区一般占地面积较大，一些主要建筑如体育馆、室内游泳馆及附属建筑均在此区内。另外，为方便群众的活动，应在建筑前方或大门附近安排面积相对比较大的停车场，停车场应该采用草坪砖铺地，安排一些花坛、喷泉等设施，起到调节小气候的作用。

(2)室外体育活动区

此区一般是以运动场的形式出现，在场内可以开展一些球类等体育活动。大面积、标准化的运动场应在四周或某一边缘设置一观看台，以方便群众观看体育比赛。

(3)儿童活动区

此区一般位于公园的出入口附近或比较醒目的地方。其用途主要是为儿童的体育活动创造条件，设施布置上应能满足不同年龄阶段儿童活动的需要，以活泼、欢快的色彩为主。同时，应以儿童易于接受的造型为主。

(4)园林区

园林区的面积在不同规模、不同设施的体育公园内有很大差别，在不影响体育活动的前提下，应尽可能增加绿地面积，以达到改善小气候条件、创造优美环境的目的。在此区内，一般可安排一些小型体育锻炼的设施，诸如单杠、双杠等等，同时，老年人一般多集中在此区活动，因此，要从老年人活动的需要出发，安排一些小场地，布置一些桌椅，以满足老年人在此打牌、下棋等安静的活动内容。

3.体育公园的绿化设计

出入口附近，绿化应简洁、明快，可以结合具体场地情况，设置一些花坛和平坦的草坪。如果与停车场结合，可以用草坪砖铺设。在花坛花卉的色彩配置上，应以具有强烈运动感的色彩配置为主，特别是采用互补色的搭配，这样可以创造一种欢快、活泼、轻松的气氛，多选用橙色系花卉与大红、大绿色调相配。

体育馆周围绿化，一般在出入口处应该留有足够的空间，以方便游人的出入，在出入口前布置一个空旷的草坪广场，可以疏散人流，但是要注意草种应选择耐践踏的品种。结合出入口的道路布置，可以采用道路——草坪砖草坪——草坪的形式布置。在体育馆周围，应种植一些乔木树种和花灌木来衬托建筑本身的雄伟。道路两侧，可以用绿篱来布置，以达到组织导游路线的目的。

体育场面积较大，一般在场地内布置耐践踏的草坪，如结缕草、狗牙根和早熟禾类中的耐践踏品种。在体育场的周围，可以适当种植一些落叶乔木和常绿树种，夏季可以为游人提供乘凉的场所，但是要注意不宜选择带刺的或使人体皮肤产生过敏反应的树种。

园林区是绿化设计的重点，要求在功能上既要满足一些体育锻炼的特殊需要，又能对整个公园的环境起到美化和改善小气候的作用。因此，在树种选择上，应选择具有良好观赏价值和较强适应性的树种，一般以落叶乔木为主，北方地区常绿树种应少些，南方地区常绿树种可适当多些。为提高整个区的美化效果，还应该增加一些花灌木。

儿童活动区的位置，可以结合园林区来选址，一般在公园出入口附近。此区在绿化上应该以美化为主，小面积的草坪可供儿童活动使用，少量的落叶乔木可为儿童在夏季活动时遮阳庇荫，而冬季又不影响儿童活动时对阳光的需要。另外，还可以结合树木整形修剪，安排一些动物、建筑等造型，以提高儿童的兴趣。

七、纪念性公园规划设计

1. 纪念性公园的性质与任务

纪念性公园是以当地的历史人物、革命活动发生地、革命伟人及有重大历史意义的事件而设置的公园。例如，南京雨花台烈士陵园，是为纪念在解放战争时期被国民党反动派屠杀的共产党人和革命人民而设置的；中国抗日战争雕塑园，是为纪念在抗日战争中为国牺牲的先烈而修建的；另外还有些纪念公园是以纪念馆、陵墓等形式建造的，如南京中山陵、鲁迅纪念馆、南京大屠杀纪念馆等。

2. 纪念性园林的类型

在城市绿地系统中，面积较大的纪念性园林往往以公园的形式出现，面积较小的则常附属于综合性公园之中，或独立于公园之外。纪念性园林大体有以下几种：

(1)烈士陵园(公园)

为纪念缅怀先烈，在烈士牺牲地建造的公园，如朝鲜的中国人民志愿军烈士陵园、南京雨花台烈士陵园、广州烈士陵园、长沙烈士公园等。

(2)纪念性公园

为纪念历史名人、某一历史事件而建造的具有纪念性的园林或在历史古迹遗址上建造的文物古迹公园，如日本的长崎和平公园、上海虹口公园、上海松江方塔园等。

(3)墓园

在名人的墓地(或遗体、骨灰存放处)建造的供人瞻仰、缅怀的园林。如：南京中山陵、宋庆龄陵园、美国罗斯福纪念园。

(4)小型纪念性园林

此类园林由于内容少，常以公园一个分区(或景点)的形式出现，如长沙岳麓公园的蔡锷、黄兴墓庐，成都望江楼公园的“薛涛井”等。此类园林有时亦独立于公园之外，如美国为纪念首任总统乔治·华盛顿而在首都华盛顿市建造的“华盛顿纪念碑”；厄瓜多尔在首都基多城北赤道线上建造的“新赤道纪念碑”以及我国在天安门广场上建造的“人民英雄纪念碑”等。

3. 纪念性园林设计要点

纪念性园林的建造往往是从综合利用的角度进行考虑的（尤其是在城市范围之内的），即以纪念性为主，结合环境效益和群众的休息游憩要求，故规划设计是根据“纪念性”和“园林”这两部分的功能和景观要求进行的。纪念性必须鲜明地表现出来，它是包含一种有意识的空间体验的积累，即纪念性的感受是来自于游人通过对一个个有意义的空间不断的亲身尝试来获得的。纪念性应该超越时间的局限，在纪念对象和游人之间寻找“对话”。设计时应注意以下几点：

(1)纪念性园林多以纪念性的雕塑或建筑作为主景，以此渲染突出主题。

如南京雨花台烈士陵园以“殉难烈士纪念群像”为主景，长沙烈士公园以烈士纪念塔为主景等。

(2)平面布置多采用规则式，中轴线明显对称。

主要景物（如纪念碑、纪念馆、纪念塑像等）布置在轴线端点或两侧，以突出纪念性的主题。也有采用自由式布局，如罗斯福纪念园的设计，没有固定的方向与序列，没有强调的中心和高潮，不追求情感的递增，让人们在休息中，在闲谈漫步中来纪念这位平易近人的伟人。

(3)地形多选山冈丘陵地带，并要有一定的平坦地面和水面。

地形处理多采用逐步上升，以台阶的形式接近纪念性主景，使游人产生仰视的观赏效果，以突出主体的高大，表现人们的敬仰之情。

(4)植物配置常以规则式的种植为主。

纪念碑周围多植花灌木以形成花环的效果，碑后常植松柏纯林，以示万古长存。

4. 纪念性公园功能分区

纪念性公园在分区上不同于综合性公园，根据公园的主题及纪念的内容一般可分为以下几个区。

(1)纪念区

该区一般位于大门的正前方，从公园大门进入园区后，直接进入视线的就是纪念区。在纪念区由于游人相对较多，因此应有一个集散广场，此广场与纪念物周围的广场可以用规则的树木、绿篱或其他建筑分隔开，如果纪念性主体建筑位于高台之上，则可不必设置隔离带。在纪念区，一般根据其纪念的内容不同而设不同的建筑和设施，如果为纪念碑，则纪念碑应为建筑中最高大的建筑，且位于纪念广场的几何中心，纪念碑的基座应高于广场平面，同时在纪念碑体周围有一定的空间作为摆放花圈、鲜花、纪念活动使用等。纪念馆则应布置在广场的某一侧，馆前应留有足够场地作为人们集散使用，特别是每逢具有纪念意义的日期，群众聚会增多，因此，设置此广场就更有意义。

对于以纪念性墓地为主的纪念性公园，一般墓地本身不会过于高大，因此，为使墓地在构图中突出，应避免在其周围设置高大建筑物，尽量使其三面具有良好的通视性，另一面布置松柏等常绿树种，以象征革命烈士永垂不朽的革命精神。

(2)园林区

园林区的主要作用是为游人创造一个良好的游览观赏环境,一般在纪念性公园内,游人除了进行纪念活动外,还要在园内进行游览或开展娱乐活动,因此,设置此区可以调节人们紧张激动的情绪。

在布局上应以自然式布局为主,不管在种植上还是在地形处理上。一些在综合性公园内的设施均可在此区设置,诸如一些花架、亭、廊、休息性的座椅等园林建筑,如果条件许可,还应设置一些水景,总之,休息区要创造一种活泼、愉快的欢乐气氛,同时具有很好的观赏价值。

如何进行公园绿地项目准备?所需的材料、工具、步骤、注意事项有哪些?

1. 设计人员首先应该充分了解设计委托方的具体要求,有哪些愿望,对设计所要求的造价和时间期限等内容。从中确定哪些值得深入细致地调查和分析,哪些只要做一般的了解。

2. 根据任务书的内容进行基地调查,弄清与掌握公园的等级、性质、功能、周围环境,以及投资能力基本来源、施工、养护技术水平等,然后综合研究,将总体与局部结合起来,做出切实、经济、合理的设计方案。

3. 调查结果用图片、表格或图解的方式表示。

学习活动 2　公园绿地方案设计

1. 能理解公园绿地设计主题的构思与确定;

2. 会进行公园绿地基本形式的设计。

在对公园绿地现状调查分析后,应该在方案设计之前先做出整个公园的用地规划或布置,保证功能合理,尽量利用基地条件,使得各项内容各得其所,然后再分区块进行各局部景点的方案设计。因此,在公园绿地方案设计中,要求:根据基地调查和分析得出的结果进行公园绿地方案设计。形成方案构思图、平立剖面图、详图、局部效果图、方案鸟瞰图等。

一、综合性公园

(一)综合性公园规划设计的原则

1. 总体性原则

遵循城市总体绿地系统规划，使公园在全市分布均衡，方便全市各区域人民使用，但各公园要各有变化，富有特色，不相互重复。

2. 适地性原则

认真调查分析公园所处的地形、地貌、地质情况及周边环境景观，使规划设计能充分利用现状现貌，做到因地制宜、合理布局。

3. 特色性原则

广泛收集公园的历史事迹、民俗传说及人文资源，充分调查了解本地人民的生活习惯、爱好及乡土人情，使建成后的公园更具有地方特色。

4. 人性化原则

考虑不同性别、不同年龄段及不同需求的游人，力求公园内景点及设施做到合理、全面、使用率高。

5. 继承和创新性原则

继承我国优秀的传统造园艺术，吸收国外造园先进经验，创造具有时代风格的公园绿地。

6. 远近兼顾的原则

正确处理近期景观与远期规划的关系。

(二)功能分区规划

为了合理地组织游人开展各项活动，避免相互干扰，并便于管理，在公园划分出一定的区域把各种性质相似的活动内容组织在一起，形成具有一定使用功能和特色的区域，我们称之为功能分区。

综合性公园的活动内容、分区规划与公园规模有一定联系，《公园规划设计》规定，综合性公园的规模下限定为 $10hm^2$。综合性公园的功能分区通常有文化娱乐区、观赏游览区、安静休息区、儿童活动区、老年人活动区、体育活动区及园务管理区等。但必须指出，分区规划不是机械的区划，尤其是大型综合性公园中，地形复杂多样，所以分区规划不能绝对化，应因地制宜，有分有合，全面考虑。当公园面积较小，用地较紧时，明确分区往往会有困难，常将各种不同性质的活动内容作整体的合理安排，有些项目可以做适当的压缩或将一种活动的规模、设施减少合并到功能性质相近的区域中。

1. 文化娱乐区

该区的特点是活动场所多、活动形式多、参与人数多、比较喧哗，是公园的闹区。该区的主要功能是开展文娱活动、进行科学文化普及教育。区内主要设施有俱乐部、展览馆(廊)、音乐厅、露天剧场、游戏广场、技艺表演场及舞池等。

公园中主要建筑一般都设在文化娱乐区，构成全园布局的重点，但为了保持公园的风景特色，建筑物不宜过于集中，各建筑物、活动设施间要保持一定的距离，通过树木、花草、硬质铺装场地、地形及水体等进行隔离。群众性的娱乐项目常常人流量较大、密度大，而且集散时间相对集中，所以要妥善地组织交通，考虑设置足够的道路广场和生活服务设施，在规划条件允许的情况下接近公园出入口，或在一些大型建筑旁设专用出入口，以快速集散游人。

文化娱乐区的规划，应尽量结合利用地形特点，创造出景观优美、环境舒适、投资少、效果好的景点和活动区域，如可利用缓坡地设置露天剧场、演出舞台；利用下沉地形开辟下沉式广场供技艺表演、游戏及集体活动用；利用开阔的水面开展水上活动等。

2. 观赏游览区

该区的特点是占地面积大、风景优美、游人密度较小，是游人比较喜欢的区域。该区的主要功能是供人们游览、赏景参观。为达到良好的观赏游览效果，要求游人在区内分布的密度较小，以人均游览面积 100m^2 左右为适，所以本区在公园中占地面积较大，是公园的重要组成部分。

该区规划时应尽量选择利用现有环境优美、植被丰富、地形起伏变化、视野开阔或能临水观景之处，观赏路线在平面布置上宜曲不宜直，立面设计上也要有高低变化，以达到步移景异、层次深远、高低错落、引人入胜、动静结合的观赏效果。

3. 安静休息区

在公园中安静休息区占地面积最大，游人密度较小，专供人们宁静休息散步，欣赏自然风景。故应与喧闹的城市干道和公园内活动量较大、游人较稠密的文娱区、体育区及儿童区等隔离。又由于这一区内大型的公共建筑和公共生活福利设施较少，故可设置在距主要入口较远处，但也必须与其他各区有方便的联系，使游人易于到达。

安静休息区应选择原有树木较多，绿化基础较好的地方。以具有起伏的地形(有高地、谷地、平原)、天然或人工的水面如湖泊、水池、河流甚至泉水、瀑布等为最佳，具有这些条件则便于创造出理想的自然风景面貌。

安静休息区内也应结合自然风景设立供游览及休息用的亭、榭、茶室、阅览室、图书馆、垂钓之处等，布置园椅、坐凳。在面积较大的安静休息区中还可配置简单的文娱体育设施，如棋室、网球场、乒乓球台、羽毛球场及其他场地，利用水面开展运动量不大的划船等活动。

安静休息区应该是风景优美的地方，点缀在这一区内的建筑，无论从造型或配置地点上都应该有更高的艺术性，如画龙点睛般使其成为风景构成中不可缺少的一部分。此区由于绿地面积大，植物种类配置的类型也最丰富，充分利用地形和植物形成不同的风景效果，可以创造出比其他区更为清新宁静的园林气氛。

4. 儿童活动区

儿童活动区主要供学龄前儿童和学龄儿童开展各种活动。据调查，公园中少年儿童占公园游人量的 15%～30%；这个比例的变化与公园在城市中所处位置、周围环境、居住区的状况有直接关系，在居住区附近的公园，儿童的人数比例较大，离居住区较远的公园则儿童的人数比例相对较小；同时也与公园内儿童活动内容、设施、服务条件有关。

在儿童活动区内可根据不同年龄的少年儿童进行分区，一般可分为学龄前儿童区和学龄儿童区。主要活动内容和设施有：游戏场、戏水池、运动场、障碍游戏、少年宫、少年阅览室、科技馆等。用地最好能达到人均 50m^2，并按照用地面积的大小确定所设置内容的多少。

用地面积大的在内容设置上与儿童公园类似，用地面积较小的只在局部设游戏场。

5. 老年人活动区

随着城市人口老龄化速度的加快，老年人在城市人口中所占比例日益增大，公园中的老年人活动区在公园绿地中的使用率是最高的，在一些大、中等城市，很多老年人已养成了早晨在公园中晨练，白天在公园绿地中活动，晚上和家人、朋友在公园绿地散步、谈心的习惯，所以公园中老年人活动区的设置是不可忽视的问题。

大型公园的老年人活动区或专类老年人公园可以进行分区规划。根据老年人的习惯特点，建立活动区、聊天区、棋艺区、园艺区等区域，同时要注意根据活动内容进行动、静分区。

活动区的功能是为老年人从事体育锻炼提供服务。可以建立一个广场，四周设置体育锻炼器材，使老年人能够进行简单的锻炼。中间为空地，老年人可以举行集体活动，比如晨练、扭秧歌等，有条件的可以配置音响喇叭，为老年人活动时配置音乐。广场外围为绿色植被和道路，同时还应设置休息椅等设施。

棋艺区的功能是为爱好棋艺的老年人提供服务。可设置长廊、亭子等建筑设施供其使用，也可以在公园的浓荫地带直接设置石凳、石桌，石桌上可刻上象棋、跳棋、围棋、军棋等各类棋盘。

聊天区是为老人提供谈天说地、思想交流的场所。可设置茶室、亭子和露天太阳伞等设施。老年人喜爱话家常，聚到一块儿，说说话，解解闷，冬天可以晒晒太阳，夏天可以乘乘风凉，可谓其乐融融。

园艺区的功能是为爱好花鸟鱼虫的老年人提供一显身手的机会。老年人大多喜爱花卉鸟类，建立园艺区，可以使他们有展现才能的机会。可以设置垂钓区、遛鸟区、果园等。同时可以聘请有能力的老人，管理公园的绿色植物设施，可谓一举两得。

此外，还可以根据不同城市中老年人的爱好不同设置特色活动区域，如书画区、票友聚会区等。

6. 体育活动区

体育活动区是公园内以集中开展体育活动为主的区域，其规模、内容、设施应根据公园及其周围环境的状况而定，如果公园周围已有大型的体育场、体育馆，则公园内就不必开辟体育活动区。

体育活动区常常位于公园的一侧，并设置有专用出入口，以利于大量观众的迅速疏散；体育活动区的设置一方面要考虑其为游人提供进行体育活动的场地、设施，另一方面还要考虑到其作为公园的一部分，需与整个公园的绿地景观相协调。

随着我国城市发展及居民对体育活动参与性的增强，在城市的综合性公园，宜设置体育活动区；该区属于相对较喧闹的功能区域，应与其他各区有相应分隔，以地形、树丛、丛林进行分隔较好；区内可设场地相应较小的篮球场、羽毛球场、网球场、门球场、武术表演场、大众体育区、民族体育场地、乒乓球台等，如资金允许，可设室内体育场馆，但一定要注意建筑造型的艺术性；各场地不必同专业体育场一样设专门的看台，可以缓坡草地、台阶等作为观众看台，更增加人们与大自然的亲和性。

7. 园务管理区

该区是为公园经营管理的需要而设置的专用区域。一般设置有办公室，值班室，广播室及水、电、煤、通信等管线工程建筑物和构筑物，维修处，工具间，仓库，堆场杂院，车库，温室，棚架，苗圃，花圃，食堂，浴室，宿舍等。以上按功能可分为：管理办公部分、仓库部分、花圃苗木部分、生活服务部分等。

园务管理区一般设在既便于公园管理，又便于与城市联系的地方，管理区四周要与游人有所隔离，对园内园外均要有专用的出入口。由于园务管理区属于公园内部专用区，规划布局要考虑适当隐蔽，不宜过于突出，影响景观视线。除以上公园内部管理、生产管理外，公园还要妥善安排对游人的生活、游览、通信、急救等的管理，解决游人饮食、休息、生活、购物、租借、寄存、摄影等服务。所以在公园的总体规划中，要根据游人活动规律，选择在适当地区安排服务性建筑与设施。在较大的公园中，可设有1～2个服务中心为全园游人服务，服务中心应设在游人集中、停留时间较长、地点适中的地方。另外再根据各功能区中游人活动的要求设置各区的服务点，主要为局部区域的游人服务，如钓鱼活动区可考虑设置租借渔具、购买鱼饵的服务设施。

（三）出入口的确定

公园出入口的位置选择和处理是公园规划设计中的一项主要工作。它不仅影响游人是否能方便地前来游览，影响城市街道的交通组织，而且在很大程度上还影响公园内部的规划和分区。

公园入口一般分为主要入口、次要入口和专用入口三种。主要入口是公园大多数游人出入公园的地方，一般直接或间接通向公园的中心区。它的位置要求明显，面对游客入园的人流方向，直接和城市街道相连，但要避免设于几条主要街道的交叉口上，以免影响城市交通组织。次要入口是为方面附近居民使用、为园内局部地区或某些设施服务的，主次入口都要有平坦的、足够的用地来修建入口处所需的设施。专用入口是为园务管理需要而设的，不供游览使用，其位置可稍偏僻，以方便管理又不影响游人活动为原则。

主要出入口的设施一般包括以下三个部分，即大门建筑（售票房、小卖部、休息廊等）；入口前广场（汽车停车场、自行车存放处）；入口后广场。次要出入口的设施则依据规模及需要而进行取舍。

入口前广场的大小要考虑游人集散量的大小，并和公园的规模、设施及附近建筑情况相适应。目前建成的公园主要入口前广场的大小差异较大，长宽在12～50m×60～300m，但以30～40m×100～200m的居多。公园附近已有停车场的市内公园可不另设停车场。而市郊公园因大部分游人是乘车或骑车来公园的，所以应设停车场和自行车存放处。

入口后广场位于大门入口之内，面积可小些。它是从园外到园内集散的过渡地段，往往与主路直接联系，这里常布置公园导游图和游园须知等。

出入口作为游人对公园的第一个视线焦点，会给游人留下第一印象，故在设计时要充分考虑到它对城市街景的美化作用以及对公园景观的影响。

出入口的布局方式也多种多样，其中常见的布局手法包括以下几种：

欲扬先抑。这种手法适用于面积较小的园子，通常是在入口处设置障景，或者是通过强烈的空间开合的对比，使游人在入园以后有豁然开朗之感。苏州的留园，西安的曲江春晓园均在入口处采用这种手法。

开门见山。通常面积较大的园子或追求庄严、雄伟的纪念性园林多采用这种手法。

外场内院。这种手法一般是以公园大门为界，大门外为交通场地，大门内为步行内院。

“T”字形障景。进门后广场与主要园路“T”字形连接，并设障景以引导。

（四）园路的布局

园林道路是园林的组成部分，起着组织空间、引导游览、交通联系并提供散步休息场所的作用。它像脉络一样，把园林的各个景区连成整体。园林道路本身又是园林风景的组成部分，蜿蜒起伏的曲线，丰富的寓意，精美的图案，都给人以美的享受。园路布局要从园林的使用功能出发，根据地形、地貌、风景点的分布和园务管理活动的需要综合考虑，统一规划。园路需因地制宜，主次分明，有明确的方向性。

1. 园路的类型

分为主干道、次干道、专用道、游步道

主干道：是全园的主要道路，连接公园各功能分区、主要活动建筑设施、风景点，要求方便游人集散。通常路宽4～6m，纵坡8％以下，横坡1％～4％。

次干道：是公园各区内的主道，引导游人到各景点、专类园，自成体系，组织景观。对主路起辅助作用，考虑到游人的不同需要，在园路布局中，还应为游人由一个景区到另一个景区开辟捷径。

专用道：多为园务管理使用，在园内与游览路分开，应减少交叉，以免干扰游览。

游步道：为游人散步使用，宽1.2～2m。

2. 园路的布置

园路的布置在西方园林中多采用规则式布局，园路笔直宽大，轴线对称，成几何形。中国园林多以山水为中心，园林也多为自然式布局，园路讲究含蓄；但在庭院、寺庙园林或在纪念性园林中，多采用规则式布局。园路的布置应考虑：

（1）园路的回环性。园林中的路多为四通八达的环形路，游人从任何一点出发都能游遍全园，不走回头路。

（2）疏密适度。园路的疏密度同园林的规模、性质有关，在公园内道路大体占总面积10％～12％，在动物园、植物园或小游园内，道路网的密度可以稍大，但不宜超过25％。

（3）因景筑路。将园路与景的布置结合起来，从而达到因景筑路、因路得景的效果。

（4）曲折性。园路随地形和景物而曲折起伏，若隐若现，“路因景曲，景因曲深”，造成“山重水复疑无路，柳暗花明又一村”的情趣，以丰富景观，延长游览路线，增加层次景深，活跃空间气氛。

（5）多样性和装饰性。园林中路的形式是多种多样的，而且应该具有较强的装饰性。在人流聚集的地方或在庭院中，路可以转化为场地；在林间或草坪中，路可以转化为步石或休息岛；遇到建筑，路可以转化为“廊”；遇山地，路可以转化为盘山道、蹬道、石级、岩洞；遇水，路可以转化为桥、堤、汀步等。路又以它丰富的体态和情趣来装点园林，使园林因路而引人入胜。

3. 园路线形设计

园路线形设计应与地形、水体、植物、建筑物等结合，形成完整的风景构图，创造连续展示园林景观的空间或欣赏前方景物的透视线。主路纵坡宜小于8％，横坡宜小于3％，山地公园的园路纵坡应小于12％，超过则应做防滑处理。

路的转折应衔接通顺，符合游人的行为规律，若遇到建筑、山水、陡坡等障碍时产生的弯道，其弯曲弧度要大，且外侧高，内侧低。

(五)建筑的设置

公园中建筑的作用主要是创造景观、开展文化娱乐活动等,其建筑形式要与所处区域的性质功能相协调,全园的建筑风格也应保持统一。主要建筑物通常会成为全园的主景,设置时要考虑其规模、大小、形式、风格及位置,使其具有绝对中心的地位;次要建筑物是供游人休憩、赏景之用,设计时应与地形、山石、水体、植物等其他造园要素统一协调,形式风格上主要以通透、实用、造景为主,起突出主景和园中点景之用;管理和附属建筑则是园内必不可少的设施,在体量上应以够用为宜,形式风格上则以简洁清淡为宜。

(六)地形处理

公园地形处理,应以公园绿地需要为主题,充分利用原地形、景观,创造出自然和谐的景观骨架。结合公园外围城市道路规划标高及部分公园分区内容和景点建设要求进行,要以最少的土方量丰富园林地形。

规则式园林的地形设计,主要是应用直线和折线,创造不同高程平面的布局。规则式园林中水体主要以长方形、正方形、圆形或椭圆形为主要造型。由于规则式园林的直线和折线体系的控制,高标高平面所构成的平台,又继续了规则平面图案的布置。近些年来,欧美国家下沉式广场应用普遍,起到了良好的景观和使用效果。

自然式园林的地形设计,首先要根据公园用地的地形特点,一般包括原有水面或低洼沼泽地、城市中河网地、地形多变且起伏不平的山林地等几种形式。无论上述哪种地形,基本的手法,即《园冶》中所讲的“高方欲就亭台,低凹可开池沼”的“挖湖堆山”法。即使一片平地,也可“平地挖湖”,将挖出的土方堆成人造山。

公园中地形设计还应与全园的植物种植规划紧密结合。公园中的块状绿地,密林和草坪应在地形设计中结合山地、缓坡创造地形;水面应考虑水生、湿生、沼生植物等不同的生物学特性创造地形。山林坡度应小于33%;草坪坡度不应大于25%。

地形设计还应结合各分区规划的要求,如安静休息区、老年人活动区等都要求有一定的山林地、溪流蜿蜒的小水面,或利用山水组合空间造成局部幽静环境。而文娱活动区域,地形不宜过于强烈,以便开展大量游人短期集散活动。儿童活动区不宜选择过于陡峭、险峻地形,以保证儿童活动的安全。公园地形设计中,竖向控制应包括下列内容:山顶标高、最高水位、常水位、最低水位标高、水底标高、驳岸顶部标高等。为保证公园内游园安全,水体深度一般控制在1.5～1.8m之间。硬底人工水体的近岸2.0m范围内的水深不得大于0.7m,超过者应设护栏。无护栏的园桥、汀步附近2.0m范围以内,水深不得大于0.5m。

在地形设计中典型应用形式有下沉式广场,该形式主要适应于地形高差变化大的地段,利用底层开展各种演出活动,周围结合地形情况而设计不同形式的台阶,围合而成下沉式露天广场。另外,应用广泛的是公园绿地中的低下沉,即下沉二、三、四级台阶,大小面积随意,形式多变,方形、圆形、流线型、折线形等丰富多彩的共享空间,可供游人聚会、议论、交谈或独坐。即使无人,下沉式广场也不影响景观,交通方便,是提供小型或大型广场演出、聚集的好形式。

(七)给排水处理

给水:根据灌溉、湖池水体大小、游人饮用水量、卫生和消防的实际供需确定。给水水源、管网布置、水量、水压应做配套工程设计,给水以节约用水为原则,设计人工水池、喷泉、瀑布。喷泉应采用循环水,并防止水池渗漏。取用地下水或其他废水,以不妨碍植物生长和污染环境为准。给水灌溉设计应与种植设计配合，分段控制，浇水龙头和喷嘴在不使用时应与地平齐。饮水站的饮用水和天然游泳池的水质必须保证清洁，符合国家规定的卫生标准。我国北方冬季室外灌溉设备、水池，必须考虑防冻措施。木结构的古建筑和古树的附近，应设置专用消防栓。喷泉设计可参照《建筑给水排水设计规范》(GB 50015—2010)的规定。养护园林植物用的灌溉系统应与种植设计配合，喷灌或滴灌设施应分段控制。喷灌设计应符合《喷灌工程技术规范》(GB 50085—2007)的规定。

排水：污水应接入城市活水系统，不得在地表排泄或排入湖中，雨水排放应有明确的引导去向，地表排水应有防止径流冲刷的措施。

(八)植物的种植设计

全园的植物组群类型及配置，应根据当地的气候状况、园外的环境特征、园内的立地条件，结合景观构想、防护功能要求和当地居民游赏习惯确定，应做到充分绿化和满足多种游憩及审美的要求。

综合性公园的植物种植设计应注意以下几个方面：

1. 全面规划，重点突出，远期和近期相结合

公园的植物配置规划，必须从公园的功能要求出发来考虑，结合植物造景要求、游人活动要求、全园景观布局要求来进行布置安排。公园用地内的原有树木，应因地制宜尽量利用，尽快形成整个公园的绿地植物骨架。在重要地区如主入口，主要景观建筑附近，重点景观区，主干道的行道树，宜选用移植大苗来进行植物配置；其他地区，则可用合格的出圃小苗；使快生与慢长的植物品种相结合种植，以尽快形成绿色景观效果。

规划中应注意在近期植物应适当密植，待树木长大长高后可以移植或疏伐。

2. 突出公园的植物特色，注重植物品种搭配

每个公园在植物配植上应有自己的特色，突出某一种或几种植物景观，形成公园的绿地植物特色。如杭州西湖的孤山(中山)公园以梅花为主景，曲院风荷以荷花为主景，西山公园以茶花、玉兰为主景，花港观鱼以牡丹为主景，柳浪闻莺以垂柳为主景，这样各个公园绿地植物形成了各自的特色，成为公园自身的代表。

全园的常绿树与阔叶树应有一定的比例，一般在华北地区常绿树占30%～40%，落叶树60%～70%；华中地区，常绿树50%～60%，落叶树40%～50%；华南地区常绿树70%～80%，落叶树20%～30%，这样做到四季景观各异，保证四季常青。

3. 公园植物规划注意植物基调及各景区的主配调的规划

全园在树种选择上，应该有1个或2个树种作为全园的基调，分布于整个公园中，在数量上和分布范围上占优势；全园还应视不同的景区突出不同的主调树种，形成不同景区的不同植物主题，使各景区在植物配置上各有特色而不相雷同。

公园中各景区植物除了有主调以外，还应有配调，以起到烘云托月、相得益彰的陪衬作用。全园的植物布局，既要达到各景区各有特色，但相互之间又要统一协调，因而需要有基调树种，基调树种贯通全园，达到多样统一的效果。如北京颐和园以油松、侧柏作为基调树种遍布全园每一处，但在每一个景区中都有其主调树种，后山湖区以油松作为基调，夏天以海棠，秋天以平基槭、山楂作为主调，并结合丁香、连翘、山桃、桧柏等一些少量的树种作为配调，使整个后山湖区四季常青、季相景观变化更替。

4.植物规划充分满足使用功能要求

根据人们对公园绿地游览观赏的要求，除了用建筑材料铺装的道路和广场外，整个公园应全部由绿色植物覆盖起来。地被植物一般选用多年生花卉和草坪，某些坡地可以用匍匐性小灌木或藤本植物。现在草坪的研究已经达到较高的科技水平，其抗性、绿期也大大提高，所以把公园中一切可以绿化的地方都和草坪结合是可以实现的。

从改善小气候方面来考虑，冬季有寒风侵袭的地方，要考虑防风林带的种植，主要建筑物和活动广场，在进行植物景观配置的时候也要考虑到创造良好小气候的要求。

全园中的主要道路，应利用树冠开展的、树形较美的乔木作为行道树，一方面形成优美的纵深绿色植物空间，另一方面也起到遮阴的作用。

在娱乐区、儿童活动区，为创造热烈的气氛，可选用红、橙、黄等暖色调植物花卉；在休息区或纪念区，为了保证自然肃穆的气氛，可选用绿、紫、蓝等冷色调植物花卉。公园近景环境绿化可选用强烈对比色，以求醒目；远景绿化可选用简洁的色彩，以求概括。在公园游览休息区，要形成一年四季季相动态构图，春季观花，夏季浓荫，秋季观红叶，冬季有绿色丛林，以利游览欣赏。

为了夏季能在林荫下划船，公园中应开辟有庇荫的河流，河流宽度不得超过 20m，岸上种植高大的乔木如垂柳、毛白杨、丝棉木、水杉等喜水湿树种，夏季水面上林荫成片，可开展划船、戏水活动，如北京颐和园的后溪河每到夏天便吸引了众多的游船。在亭榭、茶室、餐厅、阅览室、展览馆等建筑物西侧，应配植高大的庇荫乔木，以抵挡夏季西晒。

5.四季景观和专类园的设计是植物造景的突出点

“借景所藉，切要四时”，春、夏、秋、冬四季植物景观的创作是比较容易出效果的。植物在四季的表现不同，游人可尽赏其各种风采，春观花、夏纳荫、秋观叶品果、冬赏干观枝。因地制宜地结合地形、建筑、空间变化将四季植物搭配在一起便可形成特色植物景观。

以不同植物种类组成专类园，在公园的总体规划中是不可缺少的内容，尤其花繁叶茂、花色绚丽的专类花园是游人乐于游赏的地方。在北京园林中，常见的专类园有：牡丹园、月季园、丁香园、蔷薇园、槭树园、菊园、竹园、宿根花卉园等。上海、江浙一带常见的花卉园有：杜鹃园、桂花园、梅园、木兰园、山茶园、海棠园、兰园等。在气候炎热的南方地区，夜生活比较活跃，通常选择带香味植物开辟夜香花园。利用植物不同的花色、叶色组成各种色彩不同的专类花园也日益受到人们的喜爱，如红花园、白花园、黄花园、紫花园等。

6.注意植物的生态条件，创造适宜的植物生长环境

按生态环境条件，植物可分为陆生、水生、沼生、耐寒喜高温及喜光耐荫、耐水湿、耐干旱、耐瘠薄等类型，那么选择合适的植物使之在不同的环境条件下种植达到良好的生长状态是很必要的。

如喜光照充足的梅、松、木棉、杨、柳；耐荫的罗汉松、山楂、棣棠、珍珠梅、杜鹃；喜水湿的柳、水杉、水松、丝棉木；耐瘠薄的沙枣、柽柳、胡杨等。不同的生态环境下选用不同的植物品种则易形成该区域的特色。

二、滨水公园

1.规划设计的原则

滨水绿带设计在整个景观设计中属于比较复杂的一类，牵涉到诸多方面的问题，不仅有

陆地上的，还有水里的，更有水陆交接地带——湿地的，与景观生态的关系极为密切。要使滨水绿带景观设计取得较为理想的成效，应该遵循以下几条基本原则：

(1)系统与区域原则

城市滨水绿地建设要站在滨水绿地之外，从整个城市绿地系统乃至整个城市系统等更高级的系统出发去研究问题。江河的形成是一个自然力综合作用的过程，这种过程构成了一个复杂的系统，系统中某一因素的改变都将影响到景观面貌的整体。所以在进行滨水景观规划建设时，首先应把滨水绿地作为一个系统来考虑，从区域的角度，以系统的观点进行全方位的规划，而不应该把河道与大的区域空间分割开来，单独考虑。

(2)生态设计原则

水岸和湿地往往是原生植物保护地，以及鸟类和某些动物的自然食物资源地和栖息地。在滨水绿带的规划中，应该依据景观生态学原理，模拟自然江河岸线的自然生态群落结构，以绿化为主体，以植物造景为主体，强调以乡土树种为主，保护滨水绿带的生物多样性，形成水陆结合的生态网络，构架城市生境走廊，促进自然循环，实现景观的可持续发展。

(3)多功能兼顾原则

城市滨水公园的建设不单纯是营建园林景观效果这一问题，还有解决水运、防洪、改善水域生态环境、改进江河湖泊的水质、提升滨水地区周边土地的经济价值等一系列问题。仅从某一角度出发，均会有失偏颇，造成损失，因此必须统筹兼顾，整体协调。所以必须在满足基本使用功能的前提下，合理考虑景观、生态等需求，把滨水绿地建设成多功能兼顾的复合城市公共空间，以满足现代城市生活多样化的需求。

(4)景观与文化相结合原则

自然景观整治与文化景观(人文景观)保护相结合，是城市滨水绿地体现城市历史文化底蕴、突出滨水绿地文化内涵和地方景观特色的重要手段。特别是对一些具有深厚历史文化的名城，充分挖掘城市历史文化特色，利用园林景观表现手法加以表达，保持城市历史文脉的延续性，是滨水绿地生态规划设计的重要原则，它对恢复和提高滨水景观的活力，增强滨水绿地的地方特色、文化性、趣味性等均有十分重要的意义。

2. 滨水空间的处理与竖向设计

(1)空间的处理

作为“水陆边际”的滨水绿地，多为开放性空间，其空间的设计往往兼顾外部街道空间景观和水面景观，人的站点及观赏点位置处理有多种模式，其中有代表性的有以下几种：外围空间(街道)观赏；绿地内部空间(道路、广场)观赏、游览、停憩；临水观赏；水面观赏、游乐；水域对岸观赏等。为了取得多层次的立体观景效果，一般在纵向上，沿水岸设置带状空间，串联各景观节点(一般每隔 300～500m 设置一处景观节点)，构成纵向景观序列。

(2)竖向设计

竖向设计考虑带状景观序列的高低起伏变化，利用地形堆叠和植被配置的变化，在景观上构成优美多变的林冠线和天际线，形成纵向的节奏与韵律；在横向上，需要在不同的高程安排临水、亲水空间，滨水空间的断面处理要综合考虑水位、水流、潮汛、交通、景观和生态等多方面要求，所以要采取一种多层复式的断面结构。这种复式的断面结构分成外低内高型、外高内低型、中间高两侧低型等几种。低层临水空间按常水位来设计，每年汛期来临时允许淹没。这两级空间可以形成具有良好亲水性的游憩空间。高层台阶作为千年一遇的防洪大堤。各层空间利用各种手段进行竖向联系，形成立体的空间系统。

3. 滨水公园水系的设计

江河湖海水系是大地景观生态的主要基础设施，在规划设计时应尽量去维护和恢复水系的自然形态。

(1)保持水系的自然形态

水草丛生、游鱼戏水的自然水系，水床起伏多变，基质或泥或沙或石丰富多样，水流或缓或急，形成了多种多样的生境组合，从而为多种水生植物和其他生物提供了适宜的环境，是生物多样性的景观基础，还可降低河水流速，蓄洪涵土，削弱洪水的破坏力，尽显自然形态之美。此外，水、土、植物、动物、微生物之间形成的物质和能量循环系统，可使水体具有很好的自净能力。

(2)保持水系的连续性

当水流穿过城市的时候，应尽量保持水系的连续性。这样做的优点是：用于休闲与美化的水不在其多，而在于其动、在于其自然，同时流水的水质较好，能防止生境被破坏，使鱼类及其他生物的迁徙和繁衍过程不受阻，有利于下游河道的景观设计。

4. 滨水公园驳岸的处理

滨水绿地陆域空间和水域空间通常存在较大高差，由于景观和生态的需要，要避免传统的块石驳岸平直生硬的感觉，临水空间可以采用以下几种断面形式进行处理。

(1)自然缓坡型

通常适用于较宽阔的滨水空间，水陆之间通过自然缓坡地形，弱化水陆的高差感，形成自然的空间过渡，地形坡度一般小于基址土壤自然安息角。临水可设置游览步道，结合植物的栽植构成自然弯曲的水岸，形成自然生态、开阔舒展的滨水空间。

(2)台地型

对于水陆高差较大，绿地空间又不很开阔的区域，可采用台地式弱化空间的高差感，避免生硬的过渡。即将总的高差通过多层台地化解，每层台地可根据需要设计成平台、铺地或者栽植空间，台地之间通过台阶沟通上下层交通，结合种植设计遮挡硬质挡土墙砌体，形成内向型临水空间。

(3)挑出型

对于开阔的水面，可采用该种处理形式，通过设计临水或水上平台、栈道满足人们亲水、远眺观赏的要求。临水平台、栈道地表标高一般参照水体的常水位设计，通常根据水体的状况，高出常水位 0.5～1.0m，若风浪较大区域，可适当抬高，在安全的前提下，尽量贴近水面为宜。挑出的平台、栈道在水深较深区域应设置栏杆，当水深较浅时，可以不设栏杆或使用坐凳栏杆围合。

(4)引入型

该种类型是指将水体引入绿地内部，结合地势高差关系组织动态水景，构成景观节点。其原理是利用水体的流动个性，以水泵为动力，将下层河、湖中的水泵到上层绿地，通过瀑布、溪流、跌水等水景形式再流回下层水体，形成水的自我循环。这种利用地势高差关系完成动态水景的构建比单纯的防护性驳岸或挡土墙的做法要科学美观得多，但由于造价和维护等原因，只适用于局部景观节点，不宜大面积使用。

5. 道路系统的布局

滨水绿地内部道路系统是构成滨水绿地空间框架的重要手段，是联系绿地与水域、绿地与周边城市公共空间的主要方式，现代滨水绿地道路的设计就是要创造人性化的道路系统，除了可以为市民提供方便、快捷的交通功能和观赏点外，还能提供合乎人性空间尺度、生动多样的时空变换和空间序列。

(1)提供人车分流、和谐共存的道路系统，串联各出入口、活动广场、景观节点等内部开放空间和绿地周边街道空间。

人车分流是指游人的步行道路系统和车辆使用的道路系统分别组织、规划，一般步行道路系统主要满足游人散步、动态观赏等功能，串联各出入口、活动广场、景观节点等内部开放空间，主要由游览步道、台阶蹬道、步石、汀步、栈道等几种类型组成；车辆道路系统(一般针对较大面积的滨水绿地考虑设置，一般小型带状滨水绿地采用外部街道代替)主要包括机动车(消防、游览、养护等)和非机动车道路，主要连接与绿地相邻的周边街道空间，其中非机动车道路主要满足游客利用自行车、游览人力车游乐、游览和锻炼的需求。规划时宜根据环境特征和使用要求分别组织，避免相互干扰。如很多滨水绿地，由于湖面开阔，沿湖游览路线除考虑步行散步观光外，还考虑无污染的电瓶游览车道满足游客长距离的游览需要，做到各行其道，互不干扰。

(2)提供舒适、方便、吸引人的游览路径，创造多样化的活动场所。

绿地内部道路、场所的设计应遵循舒适、方便、美观的原则。其中，舒适要求路面局部相对平整，符合游人使用尺度；方便要求道路线形设计尽量做到方便快捷，增加各活动场所的可达性，现代滨水绿地内部道路考虑观景、游览趣味与空间的营造，平面上多采用弯曲自然的线形组织环行道路系统，或采用直线和曲线结合，道路与广场结合等形式串联入口和各节点以及沟通周边街道空间，立面上随地形起伏，构成多种形式、不同风格的道路系统；而美观是绿地道路设计的基本要求，与其他道路相比，园林绿地内部道路更注重路面材料的选择和图案的装饰以达到美观的要求，一般这种装饰是通过路面形式和图案的变化获得，通过这种装饰设计，创造多样化的活动场所和道路景观。

(3)提供安全、舒适的亲水设施和多样的亲水步道，增进人际交往与地域感。

滨水绿地是自然地貌特征最为丰富的景观绿地类型，其本质的特征就是拥有开阔的水面和多变的临水空间。对其内部道路系统的规划可以充分利用这些基础地貌特征创造多样化的活动场所，诸如临水游览步道、伸入水面的平台、码头、栈道以及贯穿绿地内部各节点的各种形式的游览道路、休息广场等，结合栏杆、坐凳、台阶等小品，提供安全、舒适的亲水设施和多样的亲水步道，以增进人际交流和创造个性化活动空间。具体设计时应结合环境特征，在材料选择、道路线形、道路形式与结构等方面分别对待，材料选择以当地乡土材料为主，以可渗透材料为主，增进道路空间的生态性，增进人际交往与地域感。

6. 景观建筑及小品的设置

滨水绿地为满足市民休息、观景以及点景等功能要求，需要设置一定的景观建筑、小品。一般常用的景观建筑类型包括：亭、廊、花架、水榭、茶室、码头、牌坊(楼)、塔等，常用景观小品包括：雕塑、假山、置石、坐凳、栏杆、指示牌等。

滨水绿地中建筑、小品的类型与风格的选择主要根据绿地的景观风格的定位来决定，反过来，滨水绿地的景观风格也正是通过景观建筑、小品来加以体现的。滨水绿地的景观风格主要包括古典景观风格和现代景观风格两大类：

(1)古典景观风格建筑及小品

古典景观风格的滨水绿地往往以仿古、复古的形式，体现城市历史文化特征，通过对历史古迹的恢复和城市代表性文化的再现来表达城市的历史文化内涵，该种风格通常适用于一些历史文化底蕴比较深厚的历史文化名城或历史保护区域。例如扬州市古运河滨河风光带的规划，由于扬州是拥有2000多年历史的国家历史文化名城，加之古运河贯穿城市的历史保护区域，所以该滨河绿地的景观风格定位是以体现扬州“古运河文化”为核心，通过古运河沿岸文化古迹的恢复、保护建设，再现古运河昔日的繁华与风貌，滨河绿地内部与周边建筑均以扬州典型的“徽派”建筑风格为主。

(2)现代景观风格建筑及小品

对于一些新兴的城市或区域，滨水绿地景观风格的定位往往根据城市建设的总体要求会选择现代风格的景观，通过雕塑、花架、喷泉等景观建筑、小品加以体现。例如上海黄浦江陆家嘴一带的滨江绿地和苏州工业园区金鸡湖边的滨湖绿地等，虽然上海、苏州同样为历史文化名城，但由于浦东和苏州工业园区均为新兴的现代城市区域，所以在景观风格的选择上选择以现代景观风格为主，通过现代风格的景观建筑、小品来体现城市的特征和发展轨迹。

总之，滨水绿地景观风格的选择，关键在于与城市或区域的整体风格的协调。建筑及小品的设置也应该体量小巧、布局分散，能融于绿地大环境之中，才能设计出富有地方特色的有生命力的作品来。

7.植物生态群落的种植设计

植物是恢复和完善滨水绿地生态功能的主要手段，以绿地的生态效益作为主要目标，在传统植物造景的基础上，除了要注重植物观赏性方面的要求，还要结合地形的竖向设计，模拟水系形成自然过程所形成的典型地貌特征(如河口、滩涂、湿地等)创造滨水植物适生的地形环境，以恢复城市滨水区域的生态品质为目标，综合考虑绿地植物群落的结构。另外在滨水生态敏感区引入天然植被要素，比如在合适地区建设滨水生态保护区，以及建立多种野生生物栖息地等，建立完整的滨水绿色生态廊道。

(1)绿化植物品种的选择

①除常规观赏植物的选择外，要注重培育地方性的耐水性植物或水生植物。

②要高度重视水滨的复合植被群落，它们对河岸水际带和堤内地带这样的生态交错带尤其重要。

③植物品种的选择要根据景观、生态等多方面的要求，在适地适树的基础上，还要注重增加植物群落的多样性。

④利用不同地段自然条件的差异，配置各具特色的人工群落。

(2)尽量采用自然化设计，模仿自然生态群落的结构

①植物的搭配——地被、花草、低矮灌木与高大乔木的层次和组合，应尽量符合滨水自然植被群落的结构特征。

②在滨水生态敏感区引入天然植被要素，比如在合适地区植树造林恢复自然林地，在河口和河流分合处创建湿地，转变养护方式培育自然草地，以及建立多种野生生物栖息地等。

这些仿自然生态群落具有较高生产力，能够自我维护，方便管理且具有较高的环境、社会和美学效益，同时，在消耗能源、资源和人力上具有较高的经济性。

三、动物园

1. 动物园规划设计要点

(1)动物园要选在地形起伏,有山冈、有平地、有水面,绿化基础好,能够为动植物提供良好的生存条件,具有不同小气候的郊区,原则上在城市的下风口,要远离居民区,但要交通便利。

(2)动物园应有明确的功能分区,各区既互不干扰,又有联系,以方便游客参观和工作人员管理。

(3)动物的笼舍和服务建筑应与出入口、广场、导游线相协调,形成串联、并联、放射、混合等方式,以方便游人全面或重点参观。

(4)游览路线建议以景物引导,符合人行习惯,一般逆时针右转,主要道路和专用道路要求能通行汽车,以便管理使用。

(5)外围应设围墙、隔离沟和林地,设置方便的出入口、专用出入口,以防动物出园伤害人畜。

2. 动物园绿化设计要点

动物园绿化首先要维护动物生活,结合动物生态习性和生活环境,创造自然生态模式。另外,要为游人创造良好的休息条件,创造动物、建筑、自然环境相协调的景致,形成山林、河湖、鸟语花香的美好境地。其绿化也应适当结合动物饲料的需要,结合生产,节省开支。

动物笼舍内和笼舍附近的绿化,所选择的植物种类应该是对动物无害的,不能种茎、叶、花、果有毒或有尖刺的植物,以免动物受害,最好也不种动物喜吃的树种。可多种动物不吃又无害的植物,也可将植物与动物隔离开,或对树干加以保护。

在园的外围应设置宽 30m 的防风、防尘、杀菌林带。在陈列区,特别是兽舍旁,应结合动物的生态习性,表现动物原产地的景观,既不能阻挡游人的视线,又要满足游人夏季遮阳的需要。在休息游览区,可结合干道、广场,种植林荫树、设置花坛、花架。在大面积的生产区,可结合生产种植果木、生产饲料。

四、儿童公园绿化设计

儿童公园的种植设计是规划工作的重要组成部分,也是创造良好自然环境的重要措施之一。

(1)密林与草地

密林与草地将提供良好遮阴以及集体活动的环境。创造森林模拟景观、森林小屋、森林游戏等内容,从已建成的儿童公园建设经验中得到肯定,在炎热的盛夏,在林中拉起吊床,筑起小屋,展开小彩色帐篷,微风习习,孩子们将度过愉快的周末和盼望已久的暑假。少年先锋队将在绿草如茵的草地上过队日,集体游戏,或在草地上休息。

(2)花坛、花地与植物角

花卉的色彩将激起孩子们的色感,同时也激发他们对自然、对生活的热爱。在长江以南尽可能在儿童公园中做到四季鲜花不断,在北方争取做到“四季常青,三季有花”。在草坪中栽植成片的花地、花丛、花坛、花境,尽可能达到鲜花盛开,绿草如茵。

有条件的儿童公园可以规划出一块植物角，设计成以观赏植物的花、叶或香味为主要内容，让大自然千姿百态的叶形、叶色，花型、花色，或不同的果实，还有各种奇异树态，如龙爪柳、鹿角桧、马褂木等，让孩子们在观赏中增长植物学的知识，也培养他们热爱树木、保护树木花草的良好习惯。

(3)儿童公园种植设计忌用植物

有刺激性、有异味或易引起过敏性反应的植物、有毒植物、有刺植物，给人体呼吸道带来不良作用的植物，易生病虫害及结浆果的植物不能采用。

五、纪念性公园绿化设计

纪念性公园的种植设计，一定要与公园的性质及内容相协调，该公园通常是由两个内容不同的区域组成，因此，各区在植物选择上也有较大区别。

(1)公园的出入口(大门)

纪念性公园的大门一般位于城市主干道的一侧，在地理位置上特别醒目，为提高纪念性公园的特殊性，一般在门口两侧用规则式的种植方式对植一些常绿树种。如果条件许可，在树种的造型上应做适当的修剪整形，这样可以与园内规则式布局相协调一致。一般在门外应设置大型广场，作为停车及疏散游人之用，例如北京抗日战争雕塑园，在其东门处就设置了一个数千平方米的广场，每逢纪念日，这里车流人流不断，同时，还可以在广场上布置花坛和喷泉。

另外，在大门入口内，可根据情况安排一个小型广场，其作用除了具有疏散游人作用之外，还可以与纪念区的广场取得呼应，作为入园后的缓冲空间，广场周围以常绿乔木和灌木为主，创造一个庄严、肃穆的气氛。

(2)纪念区

纪念区包括碑、馆、雕塑及墓地等。在布局上，以规则式为主，纪念碑一般位于纪念性广场的几何中心，为使主体建筑具有高大雄伟之感，在种植设计上，纪念碑周围以草坪为主，可以适当种植一些具有规则形状的常绿树种，如桧柏、黄杨球等，而周围可以用松柏等常绿树种作背景，适当点缀一些红色花卉与绿色形成强烈对比，也可寓意先烈鲜血换来今天的幸福生活，激发人们的爱国精神。

纪念馆一般位于广场的某一侧，建筑本身应采用中轴对称的布局方法，周围其他建筑要与主体建筑相协调，起陪衬作用，在纪念馆前，用常绿树按规则式种植，树前可种植大面积草坪，以达到突出主体建筑的作用，适当配置一些花灌木装饰点缀。

(3)园林区

园林区在种植上应结合地形条件，做自然式布局，特别是一些树丛、灌木丛。另外，植物在配置中，应注意色彩的搭配、季节变化及层次变化，在树种的选择上应注意与纪念区有所区别，多选择观赏价值高、开花艳丽、树形树姿富于变化的树种。丰富色彩可以创造欢乐的气氛，自然式种植的植物群落可以调节人们紧张低沉的心情，创造四季不同的景观，可以满足人们在不同季节观赏游憩的需求。当然不同地区、不同气候条件应结合本地实际情况去选择树种，南方地区，季相变化不明显，而北方地区四季分明，因此在树种选择上应结合本地区乡土树种的特点合理安排。

公园规划设计实例

静乐县公园绿地修建性详细规划方案
Jingle parks construction detailed planning

前　言

一个公园必须继承该地域的地方景观与文化。公园在整体上作为一种文明财富存在，必须保持他所在地方的自然、文化和历史方面的特色。

——世界公园大会宣(1995)

这是当今世界对公园的认识和要求，也是设计应遵循的原则和追求的目标。公园绿地作为城市中人类活动与自然过程共同作用最强烈的地带，在现代社会有了更加重要的意义。在人与自然和谐共处的今天，不单承载了城市自然生态平台的职能，同时被赋予了更多的社会、经济效益，在城市的自然系统和社会系统中，具备了更多职能。

在人类延绵不断地认识世界、顺应世界、改造世界的实践历程中，城市公园绿地系统在向人类提供基本的生存环境的同时，也为提升城市综合竞争力，保障城市可持续的健康发展提供了有力保障！

山西省城乡规划设计研究院 2014
Urban and Rural Planning and Design Institute of Shanxi Province

静乐县公园绿地修建性详细规划方案
Jingle parks construction detailed planning

目　录

山西省城乡规划设计研究院 2014
Urban and Rural Planning and Design Institute of Shanxi Province

静乐县公园绿地修建性详细规划方案
Jingle parks construction detailed planning

第一章 规划背景研究

一、时代背景

随着社会的发展和人民生活水平的提高，人民对人居环境也越来越重视，城市绿地、居民小区的景观建设也越来越好。对于如何成功运用园林景观建设，提升城市品位，乃至建设生态宜居城市，公园绿地的建设都发挥着极其重要的作用。

公园绿地的产生和发展源于改善环境的社会需求，人们发现营建公园绿地乃是最好的措施之一，并从此使公园绿地的建设开始得到迅速发展。20 世纪 50 年代，为重建因第二次世界大战而遭受破坏的城市，欧洲许多国家都开始将绿地系统引入城市的总体规划之中，由此改变了工业革命初期的那种拥挤、杂乱、污染的所谓“近代城市”形象。从西方公园绿地百余年的发展历史中可以看到，尤其是二战之后它在改善城市环境方面起到了十分重要的作用。

与建筑一样，公园绿地同样存在物理功能和精神功能两方面的作用，甚至在一定程度上精神功能的意义更大些。公园绿地固然在近现代城市中承担着减轻污染、改善环境质量的作用，但更有满足市民日常的散步休闲、锻炼游憩、舒缓压力的精神要求。随着社会经济的发展、工作节奏的加快，对后者的需求会变得越来越大，因此将城市难以利用的隙地予以绿化种植以提高绿化覆盖率是非常必要的。

我国现代城市公园绿地理论体系源自前苏联的城市规划总体理论，在改革开放后又借鉴了发达国家城市规划经验，使我国城市建设有了很大的发展。

目前，我国社会已进入快速城镇化阶段，正在经历着世界上规模最大，也许是速度最快的城市化进程。公园绿地在新时期也承担了新的责任。现代中国社会公园绿地具有两大属性：一是社会属性，二是自然属性。从具体功能来看，具有以下功能：生态功能、景观功能、文化功能、休闲游憩功能和防灾避险功能。

二、区位分析

静乐县城市布局为河西区，河东区（以汾河为界）“二位一体，以东为主”的城市总体布局结构。根据城市用地评价，并通过对城市发展态势的调查、分析，综合考虑自然、社会、经济等因素，分析认为静乐县县城的城市用地发展方向为：依托现状主城区、河西区用地现状，填空补缺，并集中向城市北部及东部延伸。

本次规划共涉及八个公园，一处广场。分别为：利民公园、汾泽园、鹅园、兴华园、碾河公园、惠民公园、朝阳公园、和平公园；一处广场为人民广场。

其中，利民公园、朝阳公园以及和平公园位于静乐县城出入口区域，承担县城门户区域职能。兴华园、惠民公园以及碾河公园位于城市建设发展轴两侧，现状主城区的重要地段，应以满足居民休闲游憩和体现地域特色文化为主。人民广场位于老城区中心位置，也是现状城市的商业中心区域，交通组织功能尤为重要。汾泽园及鹅园位于汾河及东碾河交叉处，属于城市景观风貌重要节点。

山西省城乡规划设计研究院 2014
Urban and Rural Planning and Design Institute of Shanxi Province

静乐县公园绿地修建性详细规划方案
Jingle parks construction detailed planning

三、在城市总体规划中的定位

依据总体规划，结合城市建设现状，静乐县城区的公园绿地系统应依托现有自然景观及城市景观，提高城市绿化率，以汾河公园为城市的“绿心”；以岑山、天柱山两个山地公园为城市的“绿肺”；以汾河、东碾河两岸的带状景观绿地为城市的“绿脉”；以城市主干道两侧道路绿化为骨架，构成城市纵横交错的“绿网”；以小游园、街旁绿地为“绿量”，为静乐县创建设“省级园林县城”提出了绿地系统新构想。

本次规划的八个公园，一处广场全部位于城市主要景观风貌展示区域，是城市绿地系统的重要组成部分。因此，本次涉及的公园广场应体现地域文化，展示城市品位，满足市民休闲游憩的需求，提供宜居环境，创造积极的生态效应和社会效应。

在具体的规划中，针对各地块不同的城市区位，结合现状基地建设条件，在功能侧重点上应分别分析。

四、城市概况

静乐县地处晋西北黄土高原，全县国土面积 2058 平方公里，辖 4 镇、10 乡、1 个居民办事处、381 个行政村，总人口 16.2 万。东部与忻府区、阳曲毗邻，南接娄烦、古交，西邻岚县、岢岚，北靠宁武、原平。县城距太原 89 公里、距忻州 91 公里，既在省城 1 小时经济圈内，又在北京 400 公里旅游圈中，是太原、忻州和西北部县区联系的重要枢纽，忻黑线、宁白线、忻五线、康北线网络分布，宁静铁路即将通车，太古岚铁路规划建设，太佳高速已建成通车，忻保高速全面开工，区位优越，交通便利。县境山峦叠嶂，丘陵起伏，沟壑纵横，汾水流长，地势东北高，西南低，境内海拔 1140～2420 米。静乐文化厚重，历史悠久，民间文化博大精深，是“中国民间艺术之乡”。境内煤炭资源完好、水资源丰富、气候条件独特，具有发展煤焦电化产业的巨大潜力和培育特色农业产业的后发优势。

1. 建制沿革

据考古发掘表明，境内早在旧石器时代已有人类活动。唐尧、夏、商均为冀州领域。

春秋属晋地，战国为赵地，秦属太原郡晋阳邑。西汉高祖元年(前 206)始置县，名汾阳，属并州太原郡。东汉末废汾阳入九原县，立秀容护军于此，为秀容地。三国属魏并州地太原郡。西晋永嘉间置三堆县。北魏太平真君七年(327)三堆入平寇县，属肆州新兴郡。北齐置三堆戍，属肆州秀容郡。

隋开皇三年(583)移岢岚县治于三堆旧城，开皇十八年(598)改岢岚为汾源，大业四年(608)改为静乐县，属河东楼烦郡。唐初属河东道。武德四年(621)置管州，开元二十九年(741)废州，以县属河东道岚州。龙纪元年(889)李克用于原楼烦表置宪州，领楼烦、玄(元)池、天池三县。宋属河东路，太平兴国六年(981)废静乐县为静乐军，后又废军复县。咸平五年(1002)宪州治自楼烦迁于此。景德三年(1006)，天池、玄(元)池二县并人静乐。熙宁三年(1070)宪州废，静乐隶威州，十年(1077)又复置宪州，政和五年(1115)赐名为汾源郡。

山西省城乡规划设计研究院
Urban and Rural Planning and Design Institute of Shanxi Province

金初置静乐郡。天德三年(1151)更名管州,为下刺史,统辖静乐县。光定三年(1219)升防御,隶河东北路。元初置河北路都元帅府,至元初境属管州改隶岚州,后又复为管州。三年又并入岗州。后为受州,隶冀宁路。

明洪武二年(1336)罢州复置静乐县,属太原府。清雍正二年(1724)改隶雁门道忻州。

民国属雁门道,19年(1930)裁道直属省管为三等县。抗日战争开始后属山西省二战区第二行政公署。30年(1941)属昔西北行政公署三专署。32年(1943)晋西北行政公署更名为晋绥边区行政公署后随属。34年(1945)9月,晋绥边区行署下设吕梁、雁门两专署,县南娄烦一带属吕梁专署,县北地区属雁门专署,翌年撤销此两专署,全县属边区行署六专署。38年(1949)2月,撤销晋绥边区行署,属陕甘宁边区政府昔西北行署六专署。

中华人民共和国成立后,1949—1958年属忻县专署,1959—1961年9月属晋北专署,1961年10月后复属忻县专署。1983年忻县改为忻州,属忻州地区行政公署,现属忻州市。

2.行政区划及境域

静乐辖381个行政村,450个自然村,14个乡镇。分别为:鹅城镇、杜家村镇、丰润镇、康家会镇、娘子神乡、赤泥洼乡、娑婆乡、双路乡、中庄乡、堂尔上乡、段家寨乡、辛村乡、王村乡、神峪沟乡。

东部与忻府区、阳曲毗邻,南接娄烦、古交,西邻岚县、岢岚,北靠宁武、原平,全县国土面积2058平方公里,县城距太原89公里、距忻州91公里,既在省城1小时经济圈内,又在北京400公里旅游圈中。

3.地理及自然资源

静乐县东、南、北三面环山,尤以东部山地较高,海拔在2000米以上。西部较低,与岚县合成一个小型盆地。境内诸山均属吕梁山脉。其主要山峰北部有大车山,东有万花山、巾字山,南部有高金寨山等,海拔除高金寨山1932米外,其余均在2000米以上。中部和西部为黄土丘陵区,这里山峦起伏,沟壑纵横,地形较为破碎。

境内河流均属黄河流域的汾河水系。汾河干流源于宁武,自北而南流经县境中部,途中并有多条支流汇入。

静乐县气候四季分明,十年九旱,属于温带季风气候,夏季暖热且昼夜温差大,冬季寒冷。年平均气温为7度,一月均温一9度,七月均温23度,年降雨量380至500毫米,无霜期120至135天。

4.文化资源及历史名人

①静乐剪纸

静乐县民间剪纸历史悠久,源远流长,风格独异,别具一格,1998年2月18中国美术馆首次举办了"山西省静乐县民间剪纸展览",获得了意想不到的轰动效应,出自农民之手的剪纸艺术品深深地吸引了中外参观者,震惊了中国艺术界,得到了专家教授的高度评价。从事民间艺术研究的专家评述:"静乐民间剪纸件件不失为精品,其中不少传承久远的纹样及制作

静乐县公园绿地修建性详细规划方案
Jingle parks construction detailed planning

手法蕴含着秦汉文化的博大浑厚,又具有唐宋文化的浪漫与圆润,更显明清文化的妖艳与入俗,可见静乐剪纸历史悠久,源远流长,更为可贵的是融进了新剪纸法,进入了主题性、系列性的创作……静乐剪纸很有前途!"一位艺术家这样形容:"山西民间剪纸犹如山花烂漫,静乐民间剪纸更为美丽动人。"正因如此,静乐剪纸被中国美术馆收藏达百余件,集入《山西民间剪纸》中80多件,全国各地民俗馆院凡得必藏,有不少传统精品曾在英、法、韩、日等国家和地区参展。《人民日报》、《光明日报》、《中国文化报》和北京人民广播电台等新闻媒体都曾为静乐民间剪纸作过精彩报道。静乐剪纸可谓"飘香全国,蜚声海外"。

②静乐道情

静乐道情《中国曲艺通史》文称"至清末,山西曲艺的道情受戏曲影响陆续转向戏曲形式发展。晋北道情受北路梆子影响,同时也吸收了二人台音乐,形成为戏曲的晋北道情;临县道情则与临县秧歌相结合,形成为戏曲的临县道情;洪洞道情是受蒲州梆子影响,吸收当地民歌小曲,形成为戏曲的洪洞道情;河东道情则受中路梆子影响,形成为戏曲的东路道情。"静乐道情是晋北道情的一个分支,它的发展衍变,也直接渊源于道歌、说唱道情,也与当时社会上蓬勃兴起的戏曲艺术有着密切关系。从而使道情以其独特的个性和浓郁的地方风格出现在戏曲音乐之中长期流传在广大农村和山区,每逢农闲季节,到处搭班唱戏,成为当地人民不可缺少的精神食粮。它以通俗易懂的唱词,优美动听的曲调,朴实自然的方言,诙谐幽默的道白,深受广大观众的喜爱,形成了性格鲜明的汾河文化。据静乐县志记载:清代传入境内,清末至民国年间道情在本县盛行,从北到南都有私人班社排演,很多村庄爱好者一到冬季就组织业余班社,请师傅教唱,置办简单的服装道具,排练几场剧目,活跃乡村文化。

③历史名人

静乐从古至今出了好多名人,赵武灵王,李銮宣等都是静乐的名人。

静乐是革命老区之一,现代著名革命者高君宇、郭炳、吕调元等就出生在此地,其中高君宇为中国共产党的早期党员,卓越的政治活动家,山西共产主义运动的先驱和党团组织的创始人。抗日战争和解放战争中,静乐是晋绥边区的东大门,八路军东渡黄河途经县境,撒下革命火种。贺龙、关向应、王震、余秋里等老一辈无产阶级革命家曾在境内生活和战斗过,促成各界联合抗日。

④风景名胜

结合长期以来形成的乡土风情,文化理念和景观资源,静乐县历史上曾有"静乐八景",分别为:天柱龙泉,神烟风洞,巾岩濑雨,文峰凌霄,悬钟神韵,显字佛崖,太子灵蛇,千佛净居。随着历史变迁,区划变动,如今又有"静乐新八景",可以说,静乐的风景名胜资源非常丰富。

这些人文风情,民俗历史以及自然景观都为打造城市的公园绿地系统注入了丰富的文化内涵底蕴。

山西省城乡规划设计研究院 2014
Urban and Rural Planning and Design Institute of Shanxi Province

静乐县公园绿地修建性详细规划方案
Jingle parks construction detailed planning

第二章　原则和理念

一、设计理念

■ 引领城市复兴，营造生态板块
■ 提升城市形象，塑造城市品格
■ 可持续发展战略，构建宜居环境
■ 社会公共职能的入驻，高度的公共关注

规划落地

■ 城市公共绿地
■ 城市其他职能用地

服务城市

二、规划原则

基于对现状的充分分析，在设计目标与指导思想的基础上，提出本次静乐县县城公园绿地建设工程所遵循的原则：

（1）保护优先的原则：保留现状生长良好的植物作为用地内的绿化基础，恢复植被景观的自然性、乡土性和原生性，保障当地的生态安全。

（2）生态设计原则：植物造景遵照植物的生物学特性，在不同的立地环境中布置适合当地状况的植物品种，以乡土植物为主。

（3）特征性原则：强调地域特征，用人文景观和自然景观的演替规律和配置方式，显示当地特有的风貌格调。

（4）重点设计原则：依据公园所处区位的不同，功能设计的侧重点也不同。

（5）文化共生原则：对公园绿地内的景观空间注入地域文化的灵魂，体现文化与生态共生的城市品格。

第三章　规划方案

本次规划共涉及八个公园，一处广场。以下将逐例进行主体功能定位分析及简介。

一、利民公园

利民公园位于滨河东路北段，滨河东路以东，西林路以西，处于县城门户区域。它处在城市建设发展主轴重点地段，也是未来城市新区建设的城市标志性节点。在本次规划中，其功能定位为：标志性城市景观节点，体现城市风貌形象的综合性公园。

公园成南北向走向，南北长约 360 米，东西最宽处 130 余米，北段最窄，宽约 65 米，占地面积为 3.3 公顷。现状地块内中部有一南北向带状坑，相对高差为 3～4 米。

公园北端为开放式广场主入口，入口广场视线通透，空间布局明快，广场上设置花坛，及序列景观水池，水池中放置以静乐剪纸为题材的镂空景墙式小品，小品材质采用钢化玻璃或亚克力建材。用现代材质表现传统文化，形成古为今用的强烈对比，以显示地域民俗文化的生命力和时代精神。同时序列水池和剪纸小品的组合在立面上也形成沿滨河东路的街景，演绎着静乐的地域特色文化和城市建设的新篇章。

沿主入口广场行进为景观主轴，通过主轴进入公园中心区域。该区域采用因地制宜、就势造景的手法，将现状带状坑改造为自然驳岸的传统园林水景，呈“一池三山”之势，水面开合有

山西省城乡规划设计研究院 2014
Urban and Rural Planning and Design Institute of Shanxi Provin

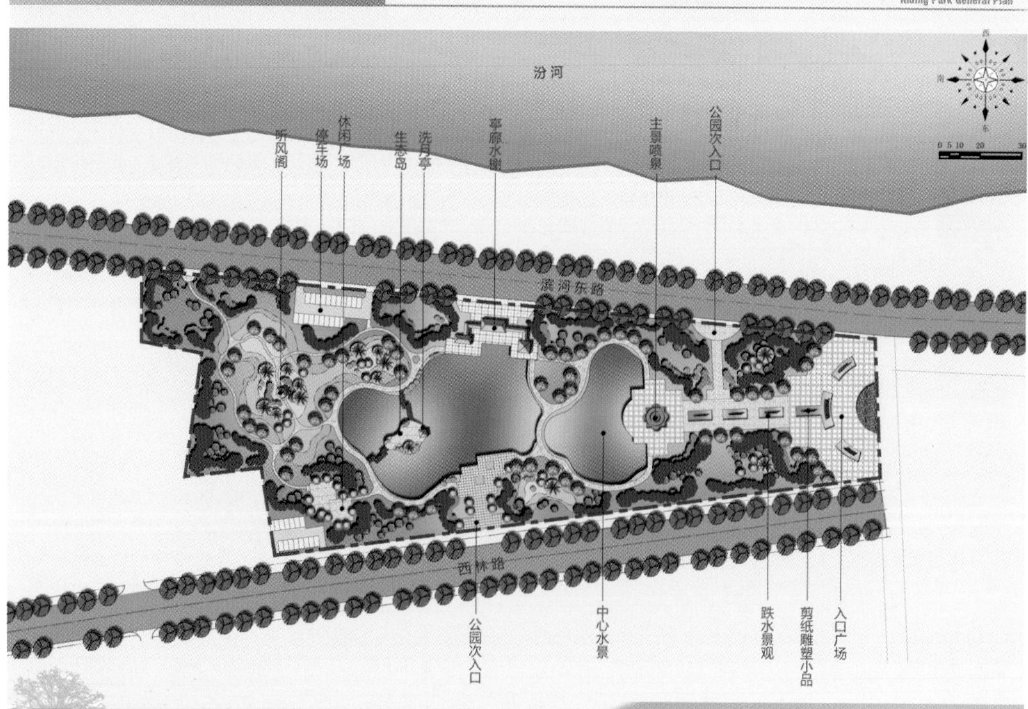

静乐县公园绿地修建性详细规划方案
Jingle parks construction detailed planning

金鹅泊水，泽布六社

序，驳岸蜿蜒曲折，在水景岸边或堆山置石，或水榭小桥围合。在池中，置一小岛，木栈道联通其上，岛上规划一座古建六角亭"洗月亭"。

在水池以西，临近滨河东路一侧布置微地形，地形高约 2.5 米，在微地形上布置"听风阁"，与水池相映成趣，呈掇山理水的中国传统园林意境。

园内还布置其余一些驻留空间，生态绿地，花坛等元素，形成主题风格明显的城市综合公园。

二、汾泽园

汾泽园位于滨河东路南段，临近忻黑线交叉口，称三角形地块，占地面积约 0.3 公顷。现状地势平坦，除有少量建筑垃圾堆放外建设条件基本良好。汾泽园北侧为一居住小区。综合地块建设条件及区位，结合考虑其周边城市用地功能，汾泽园的功能定位为：临近居住区的小型街边绿地，以服务周边居民休闲游憩功能为主，同时兼顾城市景观节点功能。

依据汾泽园周边用地分析，设置两处出入口，在院内布置林荫广场，形成林下休闲空间。园内布置高低错落的景墙形成小区域内的围合感，布置的花池座椅为居民提供休闲使用的场地。在临街一侧布置模纹绿化，形成简洁明快的氛围。

三、鹅园

鹅园为现状公园，占地面积约 1.5 公顷，位于汾泽园对面，处于汾河和东碾河的交汇处。该园是城市整体风貌的重要节点之一，现状公园基底建设较好，本次规划只对该园进行局部改造。该公园主题不变：取"金鹅泊水，泽布六社"的典故，以应古时静乐鹅城之称。园内的主题雕塑保留，对雕塑周边的台阶进行景观改造，设置台阶绿化，以打破现状台阶的僵硬。在现状绿地内及园路旁增加休闲场地空间，在临河一侧布置亲水平台，满足游人的亲水性需求。对场地内绿化进行生态织补，规则式列植特色树种，与自然式园路形成鲜明对比，增加景观几何感趣味的同时丰富植物季相景观。

山西省城乡规划设计研究院 2014
Urban and Rural Planning and Design Institute of Shanxi Province

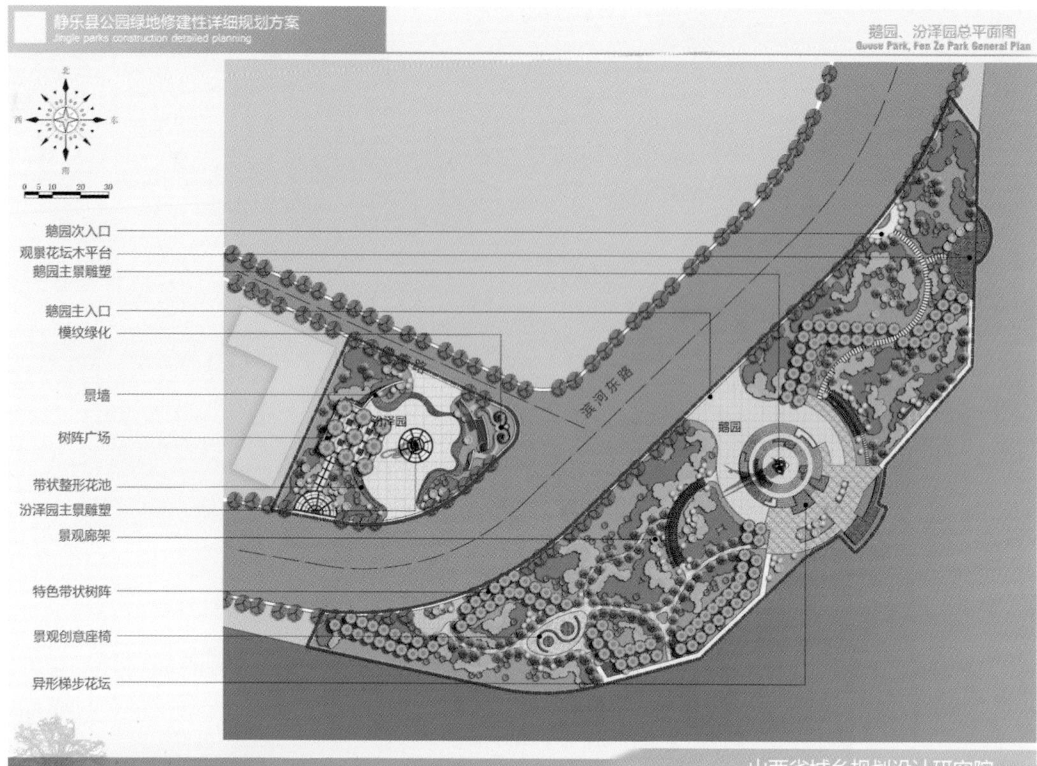

静乐县公园绿地修建性详细规划方案
Jingle parks construction detailed planning
鵝园、汾泽园鸟瞰图
Goose Park, Fen Ze Park airscape

山西省城乡规划设计研究院 2014.6
Urban and Rural Planning and Design Institute of Shanxi Province

静乐县公园绿地修建性详细规划方案
Jingle parks construction detailed planning

四、兴华园

兴华园位于忻黑线北侧，静乐三中以西区域，地块东西宽约150米，南北长约130米，占地面积约1.9公顷。规划该园的功能以寓教于乐为主，以园林景观元素展示地方文化名人和历史事件，激励后人。园内布置读书角林荫广场，文砚池水景，形成教育学习氛围浓郁的绿地空间。在文砚池一角布置组合双亭，池内盆栽荷花，寓意学子清心质朴的特质。在园内布置“金榜题名”石刻小品，上刻古时静乐文化名人和近现代有突出成就的学子介绍，以激励和教育后人。在兴华园西北角一隅，设置高君宇烈士等高雕塑一座，用以纪念缅怀。整个公园的文化教育风味浓厚，突出静乐人文底蕴，在满足生态休闲娱乐的同时，展示地域人杰地灵的自豪感和归宿感。

考虑综合该园周边关系，以及功能定位和园内布置的景观特色，建议该园可更名为“行知园”。一方面与教育家陶行知有关，另外，它还有知行合一，知识与实践相辅相承之意，切合本园主题。

五、碾河公园

碾河公园位于忻黑线南侧，静乐三中以南区域，碾河北岸，东西宽 130 米，南北宽约 100 米，占地面积约 1.3 公顷。该园位于静乐三中对面，公园以东区域为新建居民楼。现状用地条件良好，地势平坦，用地内现状少量杨树。规划结合周边城市建设用地，功能定位为：体育主题公园，以在生态绿地内散落布置体育运动休闲场地的规划手法，为市民提供有氧运动场所。公园中部布置主题景观轴，在临忻黑线一侧设置主出入口，连接景观主轴，景观轴宽 15 米，两侧布置体育运动主题人物雕塑小品。在景观轴终端设置亲水平台，作为临水的观景点，同时也可作为下一步碾河河道景观治理的一处入口。

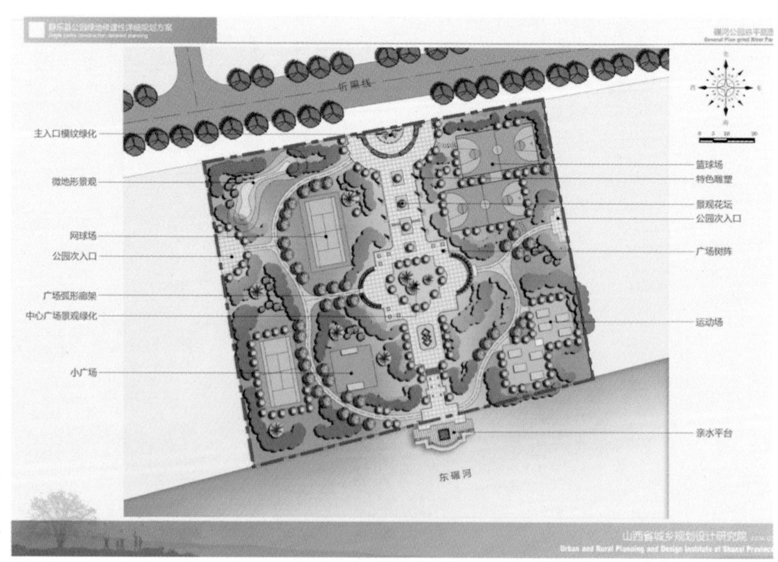

静乐县公园绿地修建性详细规划方案
Jingle parks construction detailed planning

六、惠民公园

惠民公园位于汾河大街东段，职业中学南侧。地块东西宽约65米，南北长约90米，占地面积约0.6公顷。功能定位为：临近居住区的小型街边绿地，以服务周边居民休闲游憩功能为主。园内设置儿童嬉沙池，休闲健身场地，青少年滑轮运动场地等趣味性活动性强的活动空间，满足周边不同年龄层次的居民休闲运动需求。

山西省城乡规划设计研究院
Urban and Rural Planning and Design Institute of Shanxi

静乐县公园绿地修建性详细规划方案
Jingle parks construction detailed planning

惠民公园鸟瞰图
Huimin Park airscape

山西省城乡规划设计研究院

静乐县公园绿地修建性详细规划方案
Jingle parks construction detailed planning

七、朝阳公园

朝阳公园位于汾河大街东端，处于县城门户区域。地块东西宽约200米，南北最长处240米，占地面积约3.7公顷。现状用地内植被良好，有大量胸径15厘米以上的成年杨树，公园北部为岑山山麓。规划对现状用地内杨树全部保留，对该公园定位为植物园。对地块内绿化进行生态织布，增加常绿树种以丰富植物季相，在公园东部区域内设置花卉专类园，种植波斯菊、鸢尾、薰衣草等宿根花卉，用于观赏和植物认知。在其他区域内布置杏林、桃花坡等景观分区，种植适宜当地生长的山桃、山杏等专类植物。考虑到该园所处城市区位，应提升城市整体景观形象，在该园入口处设置园林建筑围合的主入口广场，建筑可作为公园管理用房和城市公厕。

山西省城乡规划设计研究院

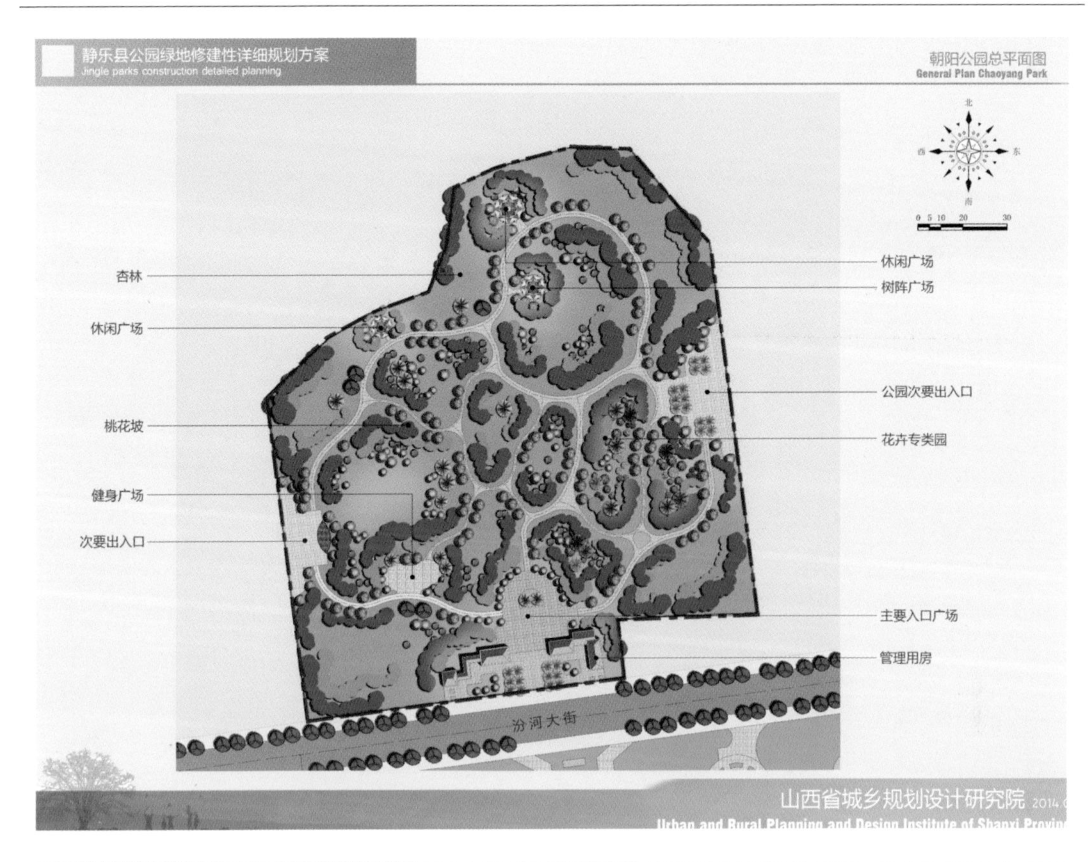
静乐县公园绿地修建性详细规划方案
Jingle parks construction detailed planning
朝阳公园总平面图
General Plan Chaoyang Park
北
西
东
南
0 5 10 20 30
杏林
休闲广场
桃花坡
健身广场
次要出入口
休闲广场
树阵广场
公园次要出入口
花卉专类园
主要入口广场
管理用房
汾河大街
山西省城乡规划设计研究院

静乐县公园绿地修建性详细规划方案
Jingle parks construction detailed planning
朝阳公园鸟瞰效果图
Chaoyang Park aerial view renderings
山西省城乡规划设计研究院

静乐县公园绿地修建性详细规划方案
Jingle parks construction detailed planning

八、和平公园

和平公园与朝阳公园相对，公园北部为汾河大街，南部为忻黑线，呈带状地形。东西宽约 250 米，南北长约 80 米，占地面积约 1.7 公顷。该公园同样位于城市门户区域，应为城市标志性景观节点。公园东端布置开敞性绿地，设置模纹绿化及标志性主题雕塑。在主入口广场布置以“静乐八景”为主题的紫铜地雕，反映地域特色景观。园内还布置休闲健身场地，葡萄廊架，松涛亭等休闲设施和场地，满足居民生态休闲娱乐需求。

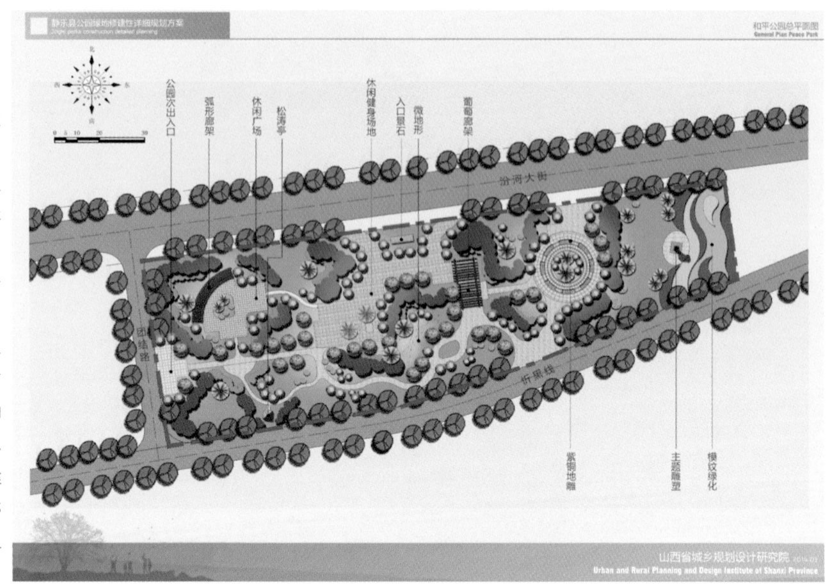

山西省城乡规划设计研究院 2014
Urban and Rural Planning and Design Institute of Shanxi Province

静乐县公园绿地修建性详细规划方案
Jingle parks construction detailed planning

和平公园鸟瞰效果图
Peace Park aerial view renderings

山西省城乡规划设计研究院 2014
Urban and Rural Planning and Design Institute of Shanxi Province

静乐县公园绿地修建性详细规划方案
Jingle parks construction detailed planning

九、人民广场

人民广场位于鹅城路以东，广场东街的西端。广场东西宽约 70 米，南北长约 65 米，占地面积 0.4 公顷。本次规划认为，人民广场位于静乐县城现在的商业中心，老城区中心区域，用地规模较小，但其交通组织功能极为重要。本次规划的重点在于对其交通组织进行梳理，其次才是景观营造。在具体设计中，列出以下三种交通组织模式，详见图示。

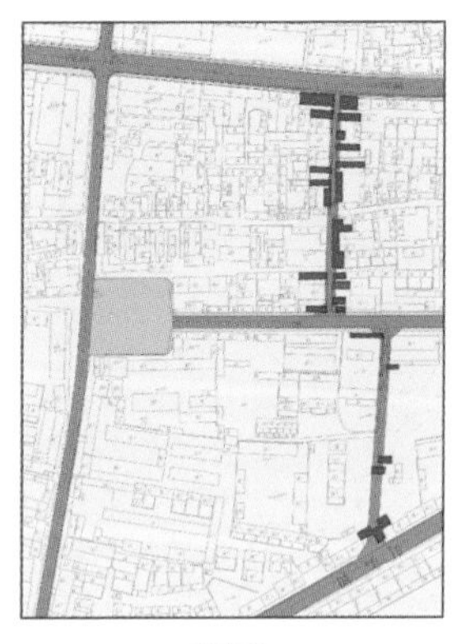

分流式

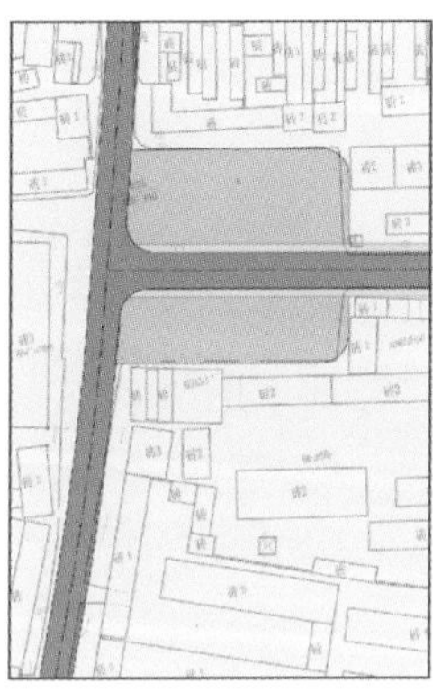

尽端式

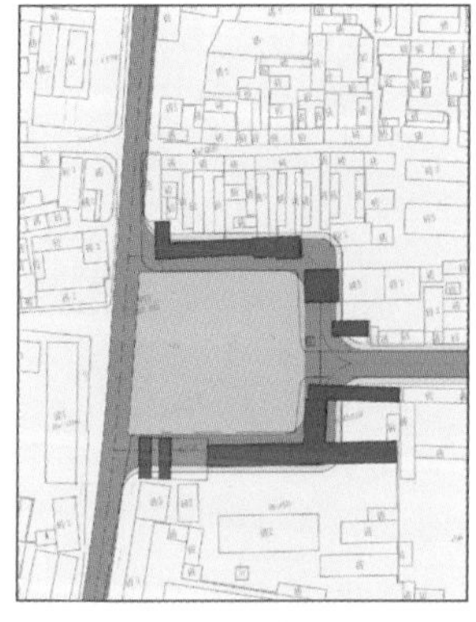

环岛式

山西省城乡规划设计研究院 2014
Urban and Rural Planning and Design Institute of Shanxi Province

静乐县公园绿地修建性详细规划方案
Jingle parks construction detailed planning

手绘效果图
Hand drawn renderings

山西省城乡规划设计研究院 2014
Urban and Rural Planning and Design Institute of Shanxi Province

静乐县公园绿地修建性详细规划方案
Jingle parks construction detailed planning

手绘效果图
Hand drawn renderings

山西省城乡规划设计研究院 2014.
Urban and Rural Planning and Design Institute of Shanxi Provin

静乐县公园绿地修建性详细规划方案
Jingle parks construction detailed planning

手绘效果图
Hand drawn renderings

山西省城乡规划设计研究院 2014.
Urban and Rural Planning and Design Institute of Shanxi Provin

静乐县公园绿地修建性详细规划方案
Jingle parks construction detailed planning
手绘效果图
Hand drawn renderings
山西省城乡规划设计研究院

静乐县公园绿地修建性详细规划方案
Jingle parks construction detailed planning
植物意向图
Plant intention
油松
五角枫
栾树
馒头柳
龙爪槐
白蜡
榆叶梅
桃树
连翘
丁香
紫玉兰
紫叶李
胶东卫矛
卫矛球
珍珠梅
早熟禾
女贞
小檗
山西省城乡规划设计研究院

静乐县公园绿地修建性详细规划方案
Jingle parks construction detailed planning
景观意向图一
Landscape intention
八角亭
廊亭
四角亭
高君宇半身像
天鹅雕塑
入口景石
亲水平台
沙坑
极限轮滑运动场
遮阳伞
休闲座椅
园路灯
景观灯
园路灯
樱花林
卫矛球
花钵
错台花坛
园路
园路
园路
园路
园路
山西省城乡规划设计研究院

静乐县公园绿地修建性详细规划方案
Jingle parks construction detailed planning
景观意向图二
Landscape intention
景墙
景墙
景墙
景墙
景墙
休闲座椅
休闲座椅
休闲座椅
台阶绿化
汀步
汀步
园路
广场铺装
广场铺装
模纹绿化
花坛
山西省城乡规划设计研究院

第四章　技术指标

各公园规划技术指标详见下表：

1. 利民公园

用地名称	用地面积(m²)	比例(%)
绿地	19020	57.4
道路	2648	7.99
广场铺装	4783	14.44
建筑	287	0.86
水域	6374	19.64
总面积	33112	100

2. 汾泽园

用地名称	用地面积(m²)	比例(%)
绿地	1770	56.35
广场铺装	1392	43.65
总面积	3162	100

静乐县公园绿地修建性详细规划方案
Jingle parks construction detailed planning

3. 鹅园

用地名称	用地面积(m²)	比例(%)
绿地	10934	74.0
道路	1129	7.64
广场铺装	2462	16.66
建筑	250	1.69
总面积	14755	100

4. 行知园

用地名称	用地面积(m²)	比例(%)
绿地	11877	63.55
道路	1472	7.87
广场铺装	3448	18.45
建筑	100	0.53
水域	1790	9.57
总面积	18687	100

山西省城乡规划设计研究院 2014
Urban and Rural Planning and Design Institute of Shanxi Province

静乐县公园绿地修建性详细规划方案
Jingle parks construction detailed planning

5. 碾河公园

用地名称	用地面积(m^2)	比例(%)
绿地	7636	61.48
道路	543	4.37
广场铺装	1800	14.49
运动场地	2321	18.68
建筑	120	0.96
总面积	12420	100

6. 惠民公园

用地名称	用地面积(m^2)	比例(%)
绿地	4696	70.80
道路	934	14.08
广场铺装	999	15.12
总面积	6629	100

备注:需拆迁建筑面积 380m^2。

山西省城乡规划设计研究院

静乐县公园绿地修建性详细规划方案
Jingle parks construction detailed planning

7. 朝阳公园

用地名称	用地面积(m^2)	比例(%)
绿地	30872	78.05
道路	4746	12.00
广场铺装	3476	8.78
建筑	456	1.15
总面积	39550	100

8. 和平公园

用地名称	用地面积(m^2)	比例(%)
绿地	13912	76.75
道路	2240	12.35
广场铺装	1826	10.07
建筑	150	2.73
总面积	18128	100

备注:需拆迁建筑面积 869m^2。

山西省城乡规划设计研究院

静乐县公园绿地修建性详细规划方案
Jingle parks construction detailed planning

9. 人民广场

人民广场共有三种交通组织方式：分别为分流式，尽端式，环岛式。

分流式设计方案需拆迁建筑面积为：2908m²。

尽端式设计方案无需拆迁。

环岛式设计方案需拆迁面积为：1733m²。

第五章　实施措施建议

一、规划范围的确定

依据《城市总体规划》及其余上位规划明确各公园绿地的规划范围，以便进行下一阶段的施工图设计。同时应结合创建园林县城的其余措施项目，协调统筹建设进度，做出科学合理，实施性强的规划设计。

二、地形资料的提供

业主应提供翔实的现状图纸资料，包括建设地块实时地形图（1∶1000），涉及范围应比施工范围≥150 米，其中施工范围内现状图比例按 1∶500 提供，以及涉及治理范围内河道，滩涂的地勘资料。

三、工程实施准备

在建设工程规划落实后，对涉及工程而必须拆迁的建筑、场所进行清理，为建设工程进行场地预备。

山西省城乡规划设计研究院 2014
Urban and Rural Planning and Design Institute of Shanxi Province

知识储备

1. 综合性公园中如何进行功能分区？
2. 滨水公园中常用的驳岸处理方法有哪些？
3. 滨水公园中植物生态群落的种植设计方式有哪些？
4. 各类公园规划设计的要点有哪些？
5. 各类公园植物配置的要点有哪些？
6. 各类公园是如何分区的？各区有何特点？

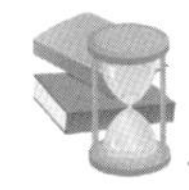

任务实施

1. 抄绘公园绿地设计平、立、剖面图，并用彩铅着色。
2. 设计标准段公园绿地，徒手绘制出平、立、剖面图，并用彩铅着色。
3. 制作公园绿地的模型。
4. 用计算机进行公园绿地的彩色平面效果图制作。
5. 用计算机进行公园绿地鸟瞰效果图与局部效果表现图的绘制。

参考文献

[1] (明)计成. 园冶注释. 北京:中国建筑工业出版社,1988.

[2] [美]诺曼 K. 布著. 曹礼昆,曹德鲲译. 风景园林设计要素. 北京:中国林业出版社,1989.

[3] 胡长龙. 园林规划设计. 北京:中国农业出版社出版,1995.

[4] 毛培琳. 园林铺装. 北京:中国林业出版社,1996.

[5] 苏雪痕. 植物造景. 北京:中国林业出版社,1994.

[6] 郑宏. 广场设计. 北京:中国林业出版社,2000.

[7] 黄东兵. 园林规划设计. 北京:高等教育出版社,2001.

[8] 陈跃中. 休闲社区——现代居住环境景观设计手法探讨. 中国园林,2003,1(19).

[9] 朱观海. 中国优秀园林设计集. 天津:天津大学出版社,2003.

[10] 封云,林磊. 公园绿地规划设计. 北京:中国林业出版社,2004.

[11] 黄东兵. 园林绿地规划设计. 北京:高等教育出版社,2006.

[12] 任有华,李竹英. 园林规划设计. 北京:中国电力出版社,2011.